城市轨道交通专业技能培训教材

变配电设备管理与维护

中 铁 通 轨 道 运 营 有 限 公 司
温州市铁路与轨道交通投资集团有限公司运营分公司　编著

U0310865

中国铁道出版社有限公司
2022年·北京

内 容 简 介

本书为"城市轨道交通专业技能培训教材"系列图书之一。全书共分为 5 章,内容包括市域铁路变配电系统概述、市域铁路牵引变电系统基础知识、市域铁路变配电系统运行、维护与试验、市域铁路变配电系统安全操作与故障处理、变配电专业常用仪器仪表使用等方面,旨在使员工掌握基本安全知识及安全操作技能。

本书可供城市轨道交通领域管理与维护相关的从业人员,以及轨道交通职业院校的师生使用与参考。

图书在版编目(CIP)数据

变配电设备管理与维护/中铁通轨道运营有限公司,温州市铁路与轨道交通投资集团有限公司运营分公司编著. —北京:中国铁道出版社有限公司,2022.9
城市轨道交通专业技能培训教材
ISBN 978-7-113-29040-5

Ⅰ.①变… Ⅱ.①中… ②温… Ⅲ.①变电所-电气设备-设备管理-技术培训-教材②变电所-电气设备-电力系统运行-技术培训-教材 Ⅳ.①TM63

中国版本图书馆 CIP 数据核字(2022)第 058799 号

书　　名:**变配电设备管理与维护**
作　　者:中铁通轨道运营有限公司
　　　　　温州市铁路与轨道交通投资集团有限公司运营分公司

策划编辑:徐　艳　黎　琳　王　淳
责任编辑:冯海燕　　　　　　　　　**编辑部电话:**(010)51873017
封面设计:尚明龙
责任校对:苗　丹
责任印制:樊启鹏

出版发行:中国铁道出版社有限公司(100054,北京市西城区右安门西街 8 号)
网　　址:http://www.tdpress.com
印　　刷:三河市兴达印务有限公司
版　　次:2022 年 9 月第 1 版　2022 年 9 月第 1 次印刷
开　　本:787 mm×1 092 mm　1/16　**印张:**6.25　**字数:**114 千
书　　号:ISBN 978-7-113-29040-5
定　　价:32.00 元

"城市轨道交通专业技能培训教材"
编委会

主　任　朱三平

顾　问　金　林　张向丰

副主任　马向东　潘俊武　杨迎卯　王式磊　金韶华
　　　　尚利涛　闫永超

委　员　闫瑞鹏　程鸿博　薛可宠　蔡端阳　谌述超
　　　　尹　勇　马冬木　邱连俊　王小乐

《变配电设备管理与维护》编审人员

主　编　尚利涛　蔡端阳

副主编　梁　辉　景雷雷　张　腾　马冬木

参　编　乔湮文　王伟锋　张　威　周一民　陈继渊

主　审　潘俊武

参　审　闫永超　张春旭　刘帅刚

前　言

我国城市轨道交通发展迅速，截至 2021 年 12 月 31 日，全国(不含港澳台)共有 50 个城市开通运营城市轨道交通，运营里程达 9 206.8 km。随着运营里程的快速增加，城市轨道交通管理与维护人员的需求也不断增大。同时，城市轨道交通设备设施比较庞杂，且不同城市的轨道交通设备制式、厂家不尽相同，设备管理与维护过程中修程修制也有较大出入，因此在城市轨道交通设施设备日常管理与维护中，确立相对统一的管理与维护人员专业技能培训内容至关重要。

为实现企业专业技能培训科学合理化，全面提升技能队伍整体管理与维护水平，促进作业规范化、标准化，降低设备运行中的故障率，确保安全运行，中铁通轨道运营有限公司会同温州市铁路与轨道交通投资集团有限公司运营分公司组织相关人员编制了"城市轨道交通专业技能培训教材"系列图书。本套书共 13 册，本书为套书之一。

本套书从基础知识、运行维护、安全操作、故障判别与处理等方面阐述了城市轨道交通 12 个专业的管理和维护要求，并且对相关专业管理和维护过程中常见的故障进行原因分析，对高频次故障的预防及处理进行梳理。套书力求在以下方面有所突破：

一是力求岗位理论知识覆盖全面。教材根据岗位的基础知识和技能要求，内容覆盖了实际工作中需掌握的专业知识点，将理论内容结合岗位需求针对性讲解。按照连接性和扩展性要求对知识点进行必要的细化和展开，使相关的技能和知识点连成线、织成片；注重各专业间有机衔接，补充必需的基础性、辅助性知识和技能，形成较为完整的知识体系。

二是力求适用性广泛。教材内容以温州 S1 线市域（郊）铁路运营实践为主，同时结合国内其他城市轨道交通设备使用情况和借鉴先进管理经验，保证在行业内具有较好的适用性。

三是力求指导性突出。作为岗位人才培养的基础教材，在介绍理论知识基础上，同时介绍岗位工作接口、日常生产任务、生产技能等要求，以适应岗位的工作要求。

本套书编写过程中汲取了相关市域（郊）铁路管理和维护单位的实践经验，结合现行国家和行业标准，紧密联系城市轨道交通的工作实际，内容深入浅出，文字力求通俗易懂。本套书既可作为市域（郊）铁路运营与管理企业员工专业技能培训教材，也可供轨道交通职业院校的师生以及行业管理人员使用与参考。

本分册为《变配电设备管理与维护》，全书共分为 5 章，内容包括市域铁路变配电系统概述、市域铁路牵引变电系统基础知识、市域铁路变配电系统运行、维护与试验、市域铁路变配电系统安全操作与故障处理、变配电专业常用仪器仪表使用等方面，旨在使员工掌握基本安全知识及安全操作技能。

需要说明的是，本书内阐述的主要设备案例及应用场景均来源于温州市域铁路 S1 线。由于城市轨道交通发展日新月异，各个城市使用的设备品牌、工艺、技术等均有所不同，加之编制人员专业技能与实践经验存在一定局限性，书中难免存在错漏之处，敬请读者批评指正，以便及时修订和完善。

编　者
2022 年 7 月

目　录

第1章 ▶ 市域铁路变配电系统概述

　　轨道交通变配电系统是城市轨道交通的重要组成部分,交流牵引供电相比直流牵引供电电压高、电能传输能力强、系统结构简单,具备明显的优势。铁路变配电系统按照其功能不同,可以分为牵引供电系统和电力供电系统。其中,牵引供电系统是指向电力机车或者动车组进行供电的系统,主要由牵引变电所和牵引网构成;电力供电系统是为车站及沿线区间等非牵引负荷进行供电的系统。

　　市域铁路供电系统由牵引供电系统和电力环网系统组成。进线系统采用单母线带母联接线方式,牵引变压器互为备用,电力变压器可分列运行。电力可采用环网供电方式,变压器低压侧引入开关柜进入母线,馈出至环网Ⅰ、环网Ⅱ进入车站综合变电所再环出至下一站综合变电所。

　　牵引系统可采用直供＋回流供电方式,牵引变压器采用不等边 Scott 变压器,低压侧分别引出 M 座(27.5 kV)进入牵引母线,T 座(6 kV)进入同相供电装置经匹配变压器升压至27.5 kV 后进入牵引母线,最后经牵引母线馈出至接触网。M 座与 T 座间电压相位角为90°,经过同相装置后,M 座和 T 座的电压相等,相位角相同。另外,同相供电装置还能有效过滤牵引负荷产生的谐波以及补偿电客车产生的无功消耗,提高系统功率因数及电网电能质量。

第2章 ▶ 市域铁路牵引变电系统基础知识

2.1 牵引变电系统

2.1.1 牵引变电系统组成

牵引变电系统是将电能从地方供电系统通过变电所传送给电力机车装置的总称,它主要由牵引变电所和接触网两大部分组成。市域铁路的供电系统为牵引变电所将地方输电线路电压降到 27.5 kV,经馈电线将电能送至接触网;接触网沿铁路上空架设,电力机车升弓后便可从其取得电能,用以牵引列车。

牵引供电回路是由牵引变电所—馈电线—接触网—电力机车—钢轨—回流连接—(牵引变电所)接地网组成的闭合回路,其中流通的电流称牵引电流,闭合或断开牵引供电回路会产生强烈的电弧,处理不当会造成严重的后果。通常将接触网、钢轨回路(包括大地)、馈电线和回流线统称为牵引网。

2.1.2 牵引变电系统供电方式

由于工频单相交流 25 kV 的牵引网是一种不对称供电回路,势必在其周围空间产生电磁场,从而对邻近的通信和广播设备产生噪声干扰,解决这一问题的途径有两个:一是在通信方面采取加强屏蔽的措施,或将受影响的通信设备迁离影响范围;二是在供电方面采取抑制干扰的措施。随着牵引网所采取的抑制干扰措施的不同,出现了直接供电方式(以钢轨与大地为回流)、直供加回流供电方式、BT 供电方式、AT 供电方式等,如图 2.1 所示。

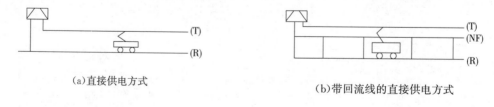

(a)直接供电方式　　　　　　　　　　(b)带回流线的直接供电方式

图　2.1

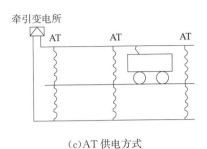

（c）AT 供电方式

图 2.1　牵引变电系统供电方式

2.1.3　牵引变电系统主要设备

牵引变电系统的一次设备由以下部分组成：牵引变压器、断路器、隔离开关、电压互感器、电流互感器、母线、避雷器、接地装置、开关柜、同相供电装置等。

二次设备又称低压设备，由测量仪表、监视表计、控制开关、保护装置、自动装置、继电器、信号设备及控制、信号电缆等组成。安装于交流盘、直流盘、控制盘、保护盘、计量盘、中央信号盘及室外一些设备上。

1. 牵引变电所变压器

牵引变压器是牵引变电所内的核心设备，担负着将牵引系统供给的三相电源变换成适合电力机车使用的 27.5 kV 的单相电，如图 2.2 所示。由于牵引负荷具有极度不稳定、短路故障多、谐波含量大等特点，运行环境比一般电力负荷恶劣的多，因此要求牵引变压器过负荷和抗短路冲击的能力要强，这也是牵引变压器区别于一般电力变压器的特点。

图 2.2　牵引变压器

2. 断路器

断路器是牵引变电所内最为重要的电气设备之一,其工作最为繁重,地位最为关键,结构最为复杂。它依靠本身所具有的强大的灭弧能力,不但可以带负荷切断各种电气设备和牵引网线路,更可与保护装置配合,快速、可靠切断各种短路故障。

牵引变电所目前应用最多的有六氟化硫断路器和真空断路器两种,如图 2.3、图 2.4 所示。断路器的区别主要在于所用的灭弧介质不同,六氟化硫断路器使用六氟化硫(SF$_6$)气体作为溶温和灭弧介质,真空断路器则使用真空作为绝缘和灭弧介质,由于灭弧介质不同,断路器的结构自然有所差别。断路器的主要结构为四部分:导流部分;灭弧部分;绝缘部分;操作机构部分。

图 2.3　SF$_6$ 断路器　　　　　　　　　图 2.4　真空断路器

3. 隔离开关

隔离开关,顾名思义就是一种在需要时将电气设备、线路与电源隔离开来的开关设备。具有明显可见的、距离足够的断口,它不带灭弧装置,不能开、合负荷电流和短路电流,具体作用如下:

(1)将需要停电的设备、线路与电源可靠隔离,以保证检修工作的安全。

(2)改变供电方式,如 110 kV 进线互投、牵引侧高压母线的分段运行或并联运行等。

(3)开、合小电流电路如电压互感器、避雷器及小容量的空载变压器等。

隔离开关按使用地点不同,有户内式和户外式两种,其区别在于户外式隔离开关可适应各种恶劣的气候条件;按操作方式不同,有电动和手动两种。尽管隔离开关的类别多种多样,但其基本组成和结构都是一样的,都由主刀闸、支柱绝缘子、底座、连杆和操作机构等部分组成,如图 2.5 所示。

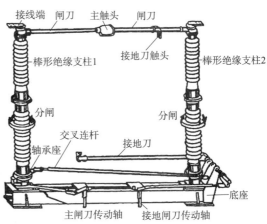

图 2.5　隔离开关

4. 互感器

牵引变电所内仅有变压器、开关等变配电设备是远远不能满足安全、可靠、高效供电等要求的,还需要用二次设备将其有效地监控、保护起来。因此,需要一种变换装置将主设备中的电气参数传递给二次设备,如仪表、继电器等,这种将高电压、大电流变换成低电压、小电流的设备就是互感器,变换电压的设备叫电压互感器(图 2.6),变换电流的设备叫电流互感器(图 2.7)。互感器的作用如下:

图 2.6　电压互感器

（1）将高电压、大电流变换成低电压、小电流，以供仪表、继电器等二次设备使用。

（2）将高电压与低电压可靠地隔离开来，以保障二次设备及人身的安全。

（3）将电压互感器二次输出电压统一规定为 100 V，电流互感器二次输出电流统一规定为 5 A(1 A)，便于设备设计和制造的标准化，并降低生产成本，牵引变电所等级一般为 1.5 级。

图 2.7　电流互感器

电压互感器、电流互感器的常用接线方式如图 2.8、图 2.9 所示。

（a）一台单相电压互感器的接线

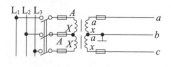

（b）两台单相电压互感器 V-V 接线

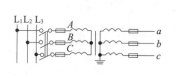

（c）三相三柱式电压互感器的接线

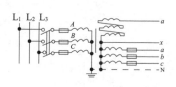

（d）三相五柱式电压互感器的接线

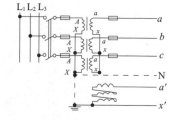

（e）三台单相三绕组电压互感器的接线

图 2.8　电压互感器的常用接线方式

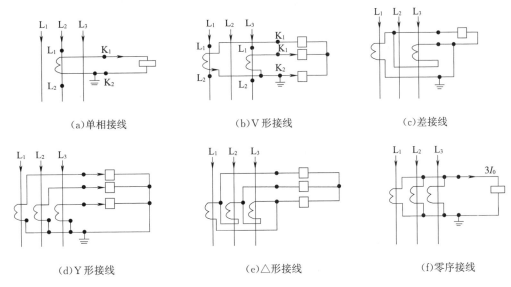

(a)单相接线　　　　　　(b)V 形接线　　　　　　(c)差接线

(d)Y 形接线　　　　　　(e)△形接线　　　　　　(f)零序接线

图 2.9　电流互感器的常用接线方式

5. 避雷器

避雷器是保护电气设备免受雷电过电压危害的设备,通常接于带电导线与大地之间,与被保护设备并联。当过电压达到规定值时,避雷器立即放电,限制过电压幅值,保护设备绝缘;电压值正常后,避雷器又迅速恢复原状,以保证系统正常供电。

避雷器主要有碳化硅阀式避雷器和金属氧化物避雷器(又称氧化锌避雷器)两种类型。氧化锌避雷器又分瓷绝缘外套式和复合外套式,如图 2.10、图 2.11 所示。在保护性能上,氧化锌避雷器优于碳化硅阀式避雷器。

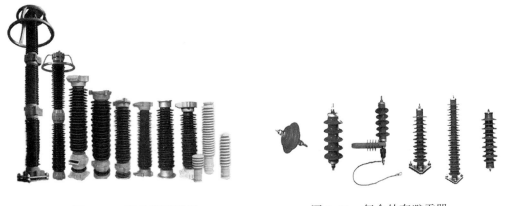

图 2.10　瓷外套避雷器　　　　　　　图 2.11　复合外套避雷器

6. 接地装置

电气设备(装置)必须接地的部分与大地作良好连接,称为接地。埋入地中并直接与大地接触的金属导体,称为接地体;接地体为网状时,称为接地网。电气设备(装置)的接点与接地体间的金属连接导线,称为接地线。接地体(或接地网)和接地线总称为接地装置。

按接地的目的,电气设备的接地可分为工作接地和保护接地,如图 2.12 所示。

工作接地是为了保证电力系统正常运行所需要的接地,如中性点直接接地系统中的变压器中性点接地,避雷针、避雷器的接地。

保护接地也称安全接地,是为了人身安全而设置的接地,如电气设备的外壳(包括电缆护套)接地。

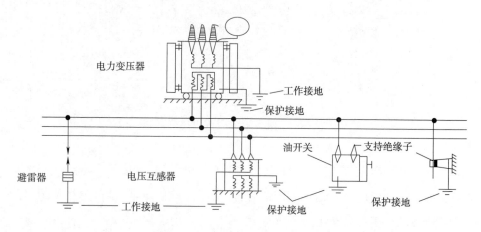

图 2.12　保护接地与工作接地

接地装置的接地电阻越小越好,但由于地理条件、施工条件的限制,接地电阻不可能达到无限小,因此接地电阻只要不超过允许的最大值,即可满足工程的需要。

牵引变电所接地装置的接地电阻,一年中任何季节不得超过 0.5 Ω,此值可计入架空避雷线接地的作用。在高土壤电阻率地区,做到上述值在技术、经济上极不合理时,允许提高到 5 Ω,但应满足一定的要求。

独立的避雷针宜设独立的接地装置。在非高土壤电阻率地区,其接地电阻不宜大于 10 Ω。在高土壤电阻率地区,做到上述值有困难时,允许采用较高的电阻值,并可与主接地网连接。但从避雷针与主接地网的地下连接点,沿接地体的长度不得小于 15 m,且避雷针至保护设施的空气中距离和地中距离,还应符合防止避雷针对被保护设备反击的要求。

7. 母线

在变电所中各级电压配电装置间、各种电器之间的连接以及变压器等电气设备与相应配电装置之间的连接,大多数采用矩形或圆形截面的裸导线或绞线,这些导线或绞线统称为母线。母线的作用是汇总、分配和传送电能。

8. 牵引供电系统的各类保护

在牵引供电系统中,常因设备绝缘不良,外物浸入带电体等发生相间或对地短路故障,短路故障会产生强大的短路电流,并可能燃起剧烈的电弧,将故障设备烧损;短路电流通过非故障设备时,由于发热和电动力的作用,也会使这些设备损坏或缩短其寿命;短路时电压会大幅度降低,电力机车无法运行,最为严重的后果是短路故障会破坏电力系统的稳定性,造成大面积停电甚至整个系统的瘫痪。此外,供电设备运行中还会出现过负荷、过热、断线等不正常状态,须引起运行人员的注意,及时采取措施消除。所有这些短路的故障或不正常状态,都需要一种自动装置予以正确判别,并作用于断路器跳闸以切除故障或发出报警信号提示值班人员注意。这种自动装置就是继电保护装置,它是由各种继电器及电子元件按一定要求组合而成的。为提高牵引供电系统的可靠性和供电质量,牵引变电所除装设有完善的继电保护装置外,还设有备用主变及电源自动投入装置、重合闸装置和接触网故障探测装置等自动装置。

(1)馈线保护

接触网是专供电力机车负荷的供电线路,它与一般三相交流供电线路相比较,有许多不同的特点:单相;机车负荷通过移动接触直接从网上取流,包含有较大的谐波分量;回路阻抗大;在系统最小运行方式下供电臂末端短路时,短路电流在数值上可能与最大负荷电流相差不多;运行条件恶劣,故障率较大且无备用等。为此,要求牵引变电所馈线保护应具有高度的可靠性和灵敏度。根据以上特点,变电所馈线设置了以阻抗(距离)保护为主保护,电流速断为辅助保护,故障后断路器自动一次重合闸和故障点自动标定装置的综合保护措施。

(2)故障测距装置

故障测距装置可以在带电状态下随时自动测量接触网的永久性或瞬时性故障点的位置和故障电流。目前直接供电和BT区段故障探测仪采用测量接触网线路电抗的原理构成,测量值不受短路点过渡(电弧)电阻的影响。而在AT区段是采用吸上电流比原理制成的,它是把故障点两侧的AT吸上电流之和作为基准值,求与这个基准电流的比值(称为吸上电流比),进而利用其到故障点的距离呈线性关系这一点,将故障点的位置标示出来。

(3)牵引变压器保护

牵引变压器是电力牵引供电系统的核心设备,也是变电所内最为贵重的设备,因此根据故障特点对其设置了完备复杂的保护。主变的故障一般分为内部故障和外部故障,前者指的是变压器油箱内所发生的故障,如线圈间的多相短路,线圈的层间或区间短路,单相接地短路以及铁芯烧损等;后者指的是油箱以外的,如套管及引出线的故障等。变压器的不正常工作状态主要是指由于外部短路或过负荷引起的过电流和温升超过允许的数值,以及油面的降低等。对于主变的各种故障及不正常工作状态,装设有下列保护装置:瓦斯保护,差动保护,过电流保护及过负荷保护,零序电流保护。

9. 牵引变电所二次回路及直流电源装置

二次回路对牵引变电所的安全可靠运行发挥着极为关键的作用,其运行环境即工作电源对二次设备的运行可靠性至关重要。例如,工作电源不稳定将会导致开关设备失去控制,继电保护不能正常工作,无法切除故障而烧坏电气设备和供电线路,从而酿成严重事故和灾难性的后果。因此,要求二次回路的工作电源是稳定的、常备的和不受外界影响的独立电源。显然,交流电源因易受供电系统和负荷的干扰无法担此重任。目前,牵引变电所二次回路均使用以蓄电池组为核心的直流供电系统。

整流充电机将交流电源变换成直流电,在向直流设备供电的同时向蓄电池组进行浮充,当直流负荷较大,直流母线电压降低时,蓄电池组内直流负荷补充供电,维护正常的供电电压;当交流电源停电失压时,蓄电池组代替整流装置向直流负荷供电,维护二次回路的正常工作。

10. 同相供电装置

同相供电装置是指为电力机车提供电能的各供电区间具有相同电压相别的牵引供电装置。主要由 2 套协调控制器、4 套变流器、4 套牵引匹配变压器组成,如图 2.13 所示。

变压器

协调控制器

变流器

图 2.13　同相供电装置

2.2　环网电力系统基础知识

2.2.1　环网电力系统组成

环网电力系统是将电能从地方供电系统通过变电所传送给各综合变电所,主要由电力变电所和综合变电所两大部分组成。电力变电所将地方输电线路电压降压,经馈电线将电能送至综合变电所,用以电力 400 V 供电。

2.2.2　环网电力系统供电方式

环网电力一般采用环网供电方式,变压器低压侧引入开关柜进入母线,馈出至环网Ⅰ、环网Ⅱ进入车站综合变电所再环出至下一站综合变电所,末端分别开口运行。

各车站设置综合变电所,变电所引入两路环网,经过变压器变换为 400 V 馈出供给车站行车、客服、消防、照明等用电设备。

2.2.3　环网电力系统主要设备

环网电力系统的一次设备由以下部分组成:电力变压器、所用变、断路器、隔离开关、电压互感器、电流互感器、母线、避雷器、接地装置、SVG 无功补偿装置等。

二次设备又称低压设备,由 400 V 组合开关柜(抽屉柜)、测量仪表、监视表计、控制开关、保护装置、自动装置、继电器、信号设备及控制、信号电缆等组成。

1. 所用变

所用变是给本所的二次设备、检修设备以及日常生活、照明负荷供电的设备。

变压器、断路器、隔离开关、电压互感器、电流互感器、母线、避雷器、接地装置除电压等级不同外,与牵引系统的设备相同。

2. SVG 无功补偿装置

随着电力电子技术的发展,特别是 IGBT 器件的出现和控制技术的提高,另外一种有别于传统的以电容器、电抗器为基础元器件的无功补偿设备应运而生,即 SVG（Static Var Generator),静止无功发生器,如图 2.14 所示。它通过 PWM 脉宽调制控制技术,使其发出无功功率,呈容性;或者吸收无功功率,呈感性。SVG 由于没有大量使用电容器,而是采用

图 2.14　SVG 无功补偿装置

桥式变流电路多电平技术或 PWM 技术来进行处理,所以使用时不需要对系统中的阻抗进行计算。同时,相较于 SVC,SVG 还有体积小、更加快速的连续动态平滑地调节无功功率的优点,同时可容性感性双向补偿。

3. 400 V 组合开关柜(抽屉柜)

400 V 抽屉柜为固定抽屉式,一、二级负荷设置总开关,三级负荷设置总开关。每段 400 V 抽屉柜单独设置无功补偿和有源滤波装置,如图 2.15 所示。

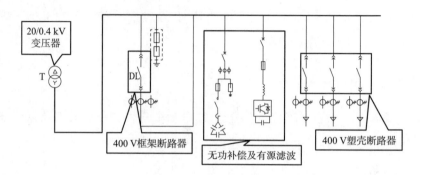

图 2.15　400 V 组合开关柜

4. 保护装置

电力系统的保护与牵引系统的变压器保护和馈线保护相同,但馈线保护无故障测距功能。

2.3　SCADA 系统基础知识

2.3.1　SCADA 系统组成

电力监控系统,又称 SCADA 系统,是通过计算机远程监控技术,实现对被控设备的远程监视、控制、数据采集。电力监控系统(SCADA)通过网络对站内各个设备的状态进行监控,设备状态在计算机屏幕里的图元上表示出来,操作员可以清楚地了解整个系统的状态。

对于双屏工作站,左侧的显示器为操作站主显示器,右侧的显示器为操作站辅显示器。每个屏幕上可以显示不同的 HMI 画面。显示屏以其左上角为坐标原点,屏幕上的每一点都有自己的坐标。HMI 画面会按照预先配置好的坐标显示在屏幕的相应位置上。

2.3.2　SCADA 系统典型结构

SCADA 系统网络结构由调度中心主站、变电所综合自动化系统、信道、复示系统等构成,如图 2.16 所示。

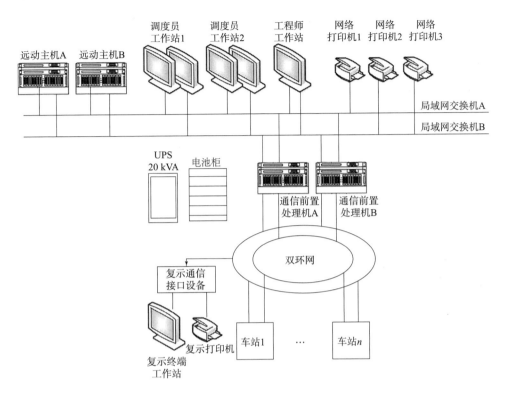

图 2.16　SCADA 系统网络结构

2.3.3　SCADA 系统主要设备

调度中心主站设备包含服务器、调度工作站、维护工作站、打印机、局域网交换机等。

1. 服务器

由刀片中心、应用通信服务器、安全域管理服务器、Web 服务器等组成。

(1) 刀片中心

刀片中心是指在标准高度的机架式机箱内可插装多个卡式的服务器单元,是一种实现 HAHD 的低成本服务器平台,为特殊应用行业和高密度计算环境专门设计。刀片服务器就像"刀片"一样,每一块"刀片"实际上就是一块系统主板(图 2.17)。

图 2.17　刀片中心

(2) 应用服务器

应用服务器是指通过各种协议把商业逻辑暴露给客户端的程序(图 2.18)。它提供了访问商业逻辑的途径以供客户端应用程序使用。应用服务器使用此商业逻辑就像调用对象的一个方法一样,简单地说能实现动态网页技术的服务器叫做应用服务器。运行在局域网中的一台或多台计算机和数据库管理系统软件共同构成了数据库服务器,数据库服务器为客户应用提供服务,这些服务包括查询、更新、事务管理、索引、高速缓存、查询优化、安全及多用户存取控制等。

(3)安全域管理服务器

安全域管理服务器既是 Windows 网络系统的逻辑组织单元(图 2.19),也是 Internet 的逻辑组织单元,在 Windows 系统中,域是安全边界。域管理员只能管理域的内部,除非其他的域显式地赋予其管理权限,否则不能访问或者管理其他的域。每个域都有自己的安全策略以及它与其他域的安全信任关系。

图 2.18　应用服务器

图 2.19　安全域管理服务器

(4)Web 服务器

Web 服务器也指网站服务器(图 2.20),是指驻留于因特网上某种类型计算机的程序,可以处理浏览器等 Web 客户端的请求并返回相应响应,也可以放置网站文件,让全世界浏览;可以放置数据文件,让全世界下载;配置服务器,是指对于服务器的这种硬件和软件方面的配置,所涵盖的内容比较多,最主要是确保服务器的顺利稳定运行。

图 2.20　Web 服务器

2. 工作站

工作站是以个人计算环境和分布式网络计算环境为基础,其性能高于微型计算机的一类多功能计算机。个人计算环境是指为个人使用计算机创造一个尽可能易学易用的工作环境,为面向特定应用领域的人员提供一个具有友好人机界面的高效率工作平台。包括调度工作站、维护工作站。

(1)维护工作站

主要用于投屏接触网供电示意图和调度大厅 OPS 大屏同步显示(图 2.21)。

（2）调度工作站

主要用于电力监控,具有远动装置的设备都可以由电力调度在此实现操作,如图 2.22 所示。

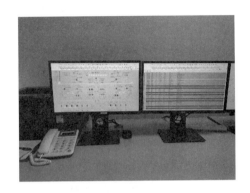

图 2.21　维护工作站　　　　　　　　　　图 2.22　调度工作站

3. 打印机

将计算机的运算结果或中间结果以人所能识别的数字、字母、符号和图形等,依照规定的格式印在纸上的设备。

4. 局域网交换机

主要由 SAN 光纤交换机、交换机、路由器组成。

（1）SAN 光纤交换机

SAN 光纤交换机是一个由存储设备和系统部件构成的网络(图 2.23),所有的通信都在一个光纤通道的网络上完成,可以被用来集中和共享存储资源,而不再是 nas 存储方式那样仅是作为一个网络节点的网络设备。

（2）交换机

意为"开关",是一种用于电(光)信号转发的网络设备(图 2.24)。交换机可以为接入交换机的任意两个网络节点提供独享的电信号通路,最常见的交换机是以太网交换机。其他常见的还有电话语音交换机、光纤交换机等。

图 2.23　SAN 光纤交换机　　　　　　　图 2.24　交换机

（3）路由器

又可称之为网关设备（图 2.25）。路由器就是在 OSI/RM 中完成的网络层中继以及第三层中继任务,对不同的网络之间的数据包进行存储、分组转发处理,其主要功能就是在不同的逻辑分开网络。而数据在一个子网中传输到另一个子网中,可以通过路由器的路由功能进行处理。在网络通信中,路由器具有判断网络地址以及选择 IP 路径的作用,可以在多个网络环境中,构建灵活的链接系统,通过不同的数据分组以及介质访问方式对各个子网进行链接。路由器在操作中仅接受源站或者其他相关路由器传递的信息,是一种基于网络层的互联设备。

图 2.25　路由器示意图

第3章 市域铁路变配电系统运行、维护与试验

3.1 变配电系统运行

1. 通用设备巡检项目及要求

(1)绝缘体应清洁、无破损和裂纹、无放电痕迹及现象。

(2)电气连接部分应连接牢固,接触良好,无锈蚀、过热、断股和散股、过紧或过松。

(3)设备声响正常,无异味。

(4)充油设备的油阀、油位、油温、油色应正常,充油、充气设备应无渗漏、喷气现象,充气设备气压和气体状态应正常。

(5)设备安装牢固,无倾斜,外壳无严重锈蚀,接地良好,基础、支架应无严重破损和剥落。

(6)设备室和围栏应完好并锁住,安全标识齐全。

(7)接地装置完好,接地回路连接紧固,接地引线无严重锈蚀、断股。

(8)消防设施齐全,电缆等设备安装孔洞的封堵情况完好。

(9)巡检时对非正常模式运行的设备应重点关注其有无过热、过负荷等情况。

(10)熄灯巡检重点检查设备有无电晕、放电,接头有无过热等现象。

2. 主变压器巡检项目及要求

(1)压力释放阀应无破裂,密封良好。

(2)呼吸器硅胶变色不应超过 2/3。

(3)瓦斯继电器内应无气体。

(4)有载调压开关装置机械位置指示与电气位置指示一致。

(5)主变压器正常运行时 110 kV 侧中性点接地开关应在断开位置。

(6)主变压器应无渗漏油。

(7)主变压器油温、油位指示正常,在允许范围之内。

(8)进线、出线电缆接头处应无异常发热。

3. 气体绝缘开关柜、组合电器巡检项目及要求

(1)各间隔气室气压表应指示正确,无气压异常信息。

(2)断路器、三工位开关等分合闸状态机械指示与电气指示一致。

(3)断路器储能指示、分合闸计数器指示应正确。

(4)综合保护装置无异常信号显示。

(5)三相电压、电流显示正常,零序电流显示正常。

(6)带电显示器显示正常。

(7)避雷器动作计数器显示应正确,泄漏电流在允许范围内。

(8)正常运行时,"远方/当地"转换开关应在"远方"位,联锁功能应投入。

(9)正常运行时,母联开关自投装置"投入/退出"切换开关应在"投入"位。

(10)开关柜外壳接地部分良好。

(11)用于防潮、防凝露的加热器工作正常。

4. 电缆及电缆层、电缆沟巡检项目及要求

(1)电缆沟盖板应齐全、无严重破损,电缆层、电缆沟内无积水、杂物。

(2)电缆外皮无破损、支架无锈蚀,其裸露部分无损伤。电缆头等电缆附件密封良好,无填充物、硅脂渗出,无接头过热、放电现象。

(3)电缆接地箱门锁完好,接地箱内接头无过热、放电情况。

(4)电缆连接正常无被盗痕迹,电缆桩及标识齐全,字迹清楚。

(5)电缆及电缆支架牢固可靠,轨旁、过顶电缆无侵入限界的可能。

(6)检查电缆的敷设路径,覆盖的泥土无下陷和被冲刷的异状。

(7)电缆敷设路径周围无影响电缆安全运行的施工。

(8)电缆支架接地可靠。

(9)高架段电缆防护罩应无裂纹、破损、松脱情况。

(10)回流箱内螺栓无锈蚀、松动情况。

5. 交直流系统设备巡检项目及要求

(1)交流屏交流进线电压、电流显示正常,进线、母联开关位置正确,各负荷开关位置正确。

(2)正常运行时,自投装置"投入/退出"切换开关应在"投入"位。

(3)直流屏充电电流、充电电压显示正常,充电机工作正常,无绝缘报警信号。

(4)各负荷开关位置正确,直流母线电压显示正常。

(5)蓄电池连接线安装牢固、接触良好,蓄电池表面清洁,无漏液现象。

(6)蓄电池巡检仪工作正常,蓄电池电压显示正常。

(7)模拟图与实际运行方式相符。

6. 干式变压器(动力变、小电阻接地变、同相供电变压器、SVG 变压器)巡检项目及要求

(1)本体清洁,无放电痕迹及现象,无凝露。

(2)连接部分应牢固,接触良好。

(3)变压器、电抗器绕组、铁芯运行温度正常。

7. 0.4 kV 开关柜(含有源滤波柜)巡检项目及要求

(1)开关电流、电压、功率因数等显示正常。

(2)开关柜无异声、异味。

(3)各开关分合闸状态正常,无报警信息。

(4)电缆接头处连接紧固。

8. 电力电容器巡检项目及要求

(1)电容器保护熔断器完好。

(2)各连接端子应紧固,不松动、无过热现象。

(3)电容器外壳均应无变形、膨胀及渗漏油现象。

(4)电容器内部无异声。

(5)电容器外部无闪络。

9. 控制、保护及自动装置巡检项目及要求

(1)指示仪表正确无误,各控制、保护及自动装置运行正常。

(2)监视指示灯正确,无灯泡损坏现象。

(3)压板及转换开关的位置与运行要求一致。

(4)继电器、接触器无异响,线圈无过热烧焦的情况。

(5)警铃、蜂鸣器、电笛、信号灯良好。

10. SCADA 系统设备巡检项目及要求

(1)装置运行正常,信号灯指示灯收发状态正常。

(2)人机界面运行显示正常,监控程序全部正常运行。

(3)鼠标、键盘、打印机能正常使用。

(4)电铃电笛能正常发声。

(5)设备无离线,信息量齐全无丢失。

(6)主接线图,确认开关位置、软压板与运行方式相符。

(7)系统时钟与主站应同步。

11. 无功补偿设备(SVG)巡检项目及要求

(1)室内温度、通风情况正常,室内温度不应超过 40 ℃。

(2)SVG 应无异常响声、振动及异味。

（3）变压器柜、功率柜滤尘网应通畅，散热风机运转正常。

（4）SVG 主接线上面有功功率、无功功率、功率因数应与后台一致。

12. 同相供电装置巡检项目及要求

（1）室内温度、湿度、通风情况正常，室内温度不应超过 40 ℃。

（2）触摸屏上应无故障报警，电压和电流显示正常。

（3）滤网应无严重积灰，进风口进风顺畅。

（4）同相供电装置应无异常响声、振动及异味。

（5）变压器柜、功率柜滤尘网应通畅，散热风机运转正常。

（6）同相供电装置主接线图电压、电流等参数应与后台一致。

3.2 变配电系统维护

变配电系统设备维护见表 3.1。

表 3.1 变配电系统设备维护具体内容

序号	设 备	修程	检修工作内容	周期
1	主变压器	小修	检查紧固法兰，受力均匀适当，防爆管密封良好，膜片完整，设备外表卫生清扫	1 年
			检查油枕，检查油位计工作应正常	
			检查铁芯、夹件、平衡绕组、支架等外部接地情况应良好	
			检修吸湿器，清扫管道，更换失效的硅胶	
			检查冷却装置，各个管路畅通，风扇电机完好	
			检查瓦斯保护，各接点正常，手动测试动作良好，连接电缆无锈蚀，绝缘良好	
			检查温度计，各部件和连接线完好，指示应正确，功能正常	
			检查清扫高、低压侧套管，套管无破损	
			安装基础、支撑部件应牢固，导管和引线无异常	
			检查本体的电流互感器，各部件无异常，二次线完好	
			检查有载调压装置，控制部件、接触器、驱动轴动作完好，位置指示正确	
			检查电气连接螺栓应紧固，无过热、松动。清扫电缆套管	
			检修设备连接线及外壳，进行全面除锈涂漆	
			检查中性点接地开关本体、电机、传动轴及控制回路	

续上表

序号	设备	修程	检修工作内容	周期
1	主变压器	大修	吊芯检修有载调压装置	必要时
			油的全面送检化验、滤油、换油	
			解体检修中性点接地开关	
			检修油枕、散热器、吸湿器装置、油阀等部件	
			检查外露可拆卸导管，各零部件完好，对导管进行解体检修和试验	
			有载调压开关的全面检查、试验	
			瓦斯继电器、温度继电器、油位计等校验	
2	110 kV GIS 组合电器	小修	设备传动部位涂润滑油	1年
			检查紧固气压阀门，受力均匀适当，防爆管密封良好	
			检查 SF_6 检测装置工作情况	
			检查气体密度继电器，各部件和连接管完好，指示应正确	
			检查并清扫就地操作开关柜、测量端子箱内端子排	
			检修基础、支撑部件，检查设备接地情况	
			检查金属器件无锈蚀，固定，连接牢靠，接触良好	
			检查清扫 110 kV 套管	
			对断路器、隔离开关、接地开关进行手动分、合闸操作，联锁试验操作	
			检查断路器油泵运转情况，无漏油	
			二次设备信号核对	
			开关动作，保护跳闸检查	
			检查各电源回路、控制回路、控制电机等二次设备	
			检测柜内加热器工作情况	
		大修	检修设备连接母线	必要时
			检查套管，各零部件完好，对套管进行解体检修和试验	
			检查 110 kV 电缆头，并进行相关试验	
			打磨或更换动静触头	
			检修外壳及附件箱壳无变形，内外漆膜完好	
			校验气体密度继电器，气体密度继电器安装牢固，指示正确，轴封完好严密	
			检修液压操作系统，杂质多时应及时清理和换油	
			检查试验密封情况，将气室抽真空，充 SF_6 气体	
			刀闸操作机构检查	
			操作机构电机解体检查或更换，并加润滑油	
			检修架构及支撑装置，并全面除锈涂漆	
			检查校验快速接地开关动作时间	

续上表

序号	设　　备	修程	检修工作内容	周期
3	交流电源屏	小修	全面清扫检查绝缘子、仪表、二次线、柜体	1年
			检修各零件和连接线完好,指示应正确	
			检查支撑部件、二次电缆连接良好	
			检查金属器件无锈蚀,连接牢靠,接触良好	
			检查保护动作正常,信号显示正常	
			手动分合闸开关动作应正常	
			检修设备连接线及外壳,进行全面除锈涂漆	
			两路交流进线断路器自动切换功能测试应正常	
		大修	更换小开关、断路器、接触器、绝缘子等元器件	必要时
4	直流电源屏、直流充电屏、电池屏(不含蓄电池)	小修	检查控制回路,开关仪表,充电模块电源切换情况应正常	1年
			全面清扫检查绝缘子、仪表、二次线、柜体	
			直流盘及充电屏绝缘报警功能测试	
			检查保护动作正常,信号显示正常	
			主开关检查、整固、除锈加润滑油	
			充电模块检查及保养	
			设备涂油,外壳清扫	
		大修	整修基础、构架和接地装置	必要时
			更换性能差的绝缘子,对所有模块进行精度检测	
			对充电模块打开进行全面检查,检测输入/输出精度	
			进行整屏功能测试、绝缘试验等	
			对主开关保护单元及硅调压调节功能及输出精度测试	
			检修架构及柜体,并全面除锈涂漆	
5	蓄电池(含UPS蓄电池、所用电系统蓄电池)	小修	检查各连接部件,洗拭电池表面	1年
			清洗蓄电池端子、支架	
			检查通风装置	
			更新不符合标准的蓄电池,更新支架、母线和不符合标准的元件	
			对柜内锈蚀部分进行防腐处理	
			整修基础、构架和接地装置	
			进行核对性放电	
			蓄电池内阻测试	
		大修	检修设备连接线	必要时
			对蓄电池组进行核容性放电,更换已到使用寿命的蓄电池和经测试不合格的蓄电池,严重时需整组更换蓄电池	

续上表

序号	设　备	修程	检修工作内容	周期
6	主变保护屏、公用测控屏、光纤设备屏、光纤配线屏、计量屏、UPS 屏、GPS 屏、110 kV 线路保护屏等	小修	检修各部件和连接线完好,指示应正确	1 年
			检修基础、支撑部件、电缆、柜体	
			检查金具无锈蚀,连接牢靠,接触良好	
			检查柜内照明灯具、继电器、仪表、配线、端子排、连接部件	
			检查标志,信号齐全,应正确清楚	
			电气连接螺栓检查,应紧固,无过热、松动	
			UPS、GPS 功能检查	
			110 kV 侧电度表按供电公司规定进行定期送检	
			非电量操作箱及非电量保护动作测试、校验等	
		大修	更换不合标准的开关、继电器、仪表和绝缘子,更新配线、端子排,对部分产品进行升级	必要时
			检修外壳,检修架构及柜体,并全面除锈涂漆	
			更换继电保护装置及相关二次设备	
7	接地电阻柜	小修	柜体、绝缘子、电阻、二次端子等清扫	1 年
			检查电阻材料,不应有生锈现象	
			检查电气连接部分,连接应牢固,接地侧接地良好	
			检查接地电阻的电阻值	
			检查电阻柜内的电流互感器接线良好	
			对电阻柜进行绝缘测试	
		大修	更换电阻	必要时
			更换电流互感器	
			更换不合格的绝缘子	
8	动力变压器	小修	更换不合格的铁芯、线圈测温装置	1 年
			设备安装牢固,无倾斜,外壳无严重锈蚀,接地良好,基础、支架应无严重破损剥落。对破损锈蚀等部位应进行防腐处理	
			电气连接螺栓检查,应紧固,无过热、松动	
			绕组检查,表面清洁、无积灰、无破损变形、无放电痕迹、绝缘漆无脱落;三相标识清晰,对绕组进行补漆	
			无载抽头检查,三相应一致。连接紧固、连接片无生锈,无过热、放电痕迹	
			接地系统检查,外罩(动力变)、底座、箱体和铁芯均须可靠接地	
			检查清扫高低压绕组间的通风道,应无严重积尘	

续上表

序号	设 备	修程	检修工作内容	周期
8	动力变压器	小修	各绝缘子、各支撑件、上部或下部绝缘衬垫块检查清扫,应清洁、无放电痕迹,绝缘衬垫块无破裂、无移位松动	1年
			检查紧固高压侧连接电缆接头与变压器连接处,低压侧的母排、过渡线夹	
			检查校验温度保护,各接点正常、动作良好,二次连接电缆无锈蚀,绝缘良好	
			电动机检查,运行平稳、无异响、无反转。连接电缆无锈蚀,绝缘良好	
		大修	检修分接抽头,连接良好	必要时
			全面检修外壳,应无脱漆、锈蚀等	
			变压器的解体检修及检修后的电气试验	
			变压器直阻、绝缘等测量	
			全面检修铁芯线圈	
			更换铁芯、线圈测温装置	
9	27.5 kV、20/10 kV、6 kV 开关柜	小修	电气、机械连接部分应连接牢固,接触良好	1年
			设备安装牢固,无倾斜、外壳无严重锈蚀、接地良好,基础、支架应无严重破损剥落	
			检查设备房通风口应无异物	
			全面检修外壳,应无脱漆、锈蚀等	
			检查柜体接地、避雷器引线接地等接地系统	
			对断路器(负荷开关)、三工位开关操作机构进行手动、电动操作,操作机构应工作正常,动作指示应正确	
			柜内二次接线检查,连接应紧固,接地可靠	
			柜内金具检查,除锈,对开关的有关传动部位进行润滑	
			机械、电气联锁功能正常	
			检查各气室压力符合规定	
			断路器(负荷开关)手动电动分、合闸操作各3次,检查弹簧储能、机械分合闸回路。储能电机应运转正常,无异常声响	
			避雷器引线固定牢靠、整齐,无腐蚀,底座、基础等安装牢固、整齐,无生锈	
			断路器(负荷开关)计数器工作正常	
			法兰受力均匀适当,防爆膜密封良好,膜片完整。对断路器(负荷开关)、三工位开关的操作机构的弹簧、齿轮、传动连杆等部位的螺栓进行紧固检查,加润滑油,检查其动作情况	
			对备用保护装置进行模拟带电运行48 h测试	

续上表

序号	设　　备	修程	检修工作内容	周期
9	27.5 kV、20/10 kV、6 kV 开关柜	大修	检修外壳及附件箱壳应无变形,内外漆膜完好	必要时
			对真空泡进行解体检修和试验	
			校验气体密度继电器,表计安装牢固,指示正确,轴封完好严密	
			对断路器(负荷开关)、隔离/接地开关操作机构进行解体检修。检查机构传动部分、辅助开关、行程开关等工作情况	
			检查试验密封情况,将气室抽真空,充 SF₆ 气体	
10	隔离开关	小修	机构箱密封检查、清扫机构	1年
			隔离开关的电源和控制回路接线正确,机构箱可靠接地	
			现场手动操作应和遥控电动操作动作一致	
			电气指示装置正常	
			接线端子和接地线检查	
			检查动静触头并清洗涂导电膏	
			转动绝缘柱及支持绝缘柱的检查和清扫	
			隔离开关与接地闸刀传动试验和机械电气闭锁检查	
			螺栓、螺钉、开口销及圆锥销等紧固、连接件的检查	
			转动部分加润滑脂	
		大修	本体的分解检修	必要时
			动静触头的分解检修	
			转动绝缘柱及支持绝缘柱的检查	
			底座及传动系统的检查,操动机构的分解检修	
			操动机构的分解检修	
			接地闸刀及机构的检修	
			按电气预防性试验标准及制造厂标准进行试验	
			投运后定期进行远红外热像检测	
11	接地系统	小修	检查并紧固电气连接部分,涂抹凡士林	1年
			检修基础、支撑部件、导管和引线	
			清扫检查接地母排及其支撑绝缘子	
			检查接地干线,对脱漆部分进行防腐处理	
			雷雨前集中进行接地系统测试	
			检查接地装置有无缺失	
			检查地面上和电缆沟内的接地线,接地端子	
		大修	更新不合标准的接地母线,母排,更新绝缘子	必要时
			整修基础、构架和接地装置	
			更换老化严重的接地电缆,对接地干线进行全面检查并做防腐处理	

续上表

序号	设　　备	修程	检修工作内容	周期
12	400 V开关柜	小修	检测接触器接触电阻	1年
			自投功能测试	
			框架开关操作性能、接触性能、储能机构检测	
			抽屉开关操作性能、接触性能检测	
			各按钮、指示灯检查更换	
			电压回路熔断器检测	
			二次线及端子清扫、紧固等检修保养	
			对开关导轨及活动部件加润滑油	
			检查母排绝缘性能,绝缘应无损伤,母排连接紧固	
			断路器整定值核对	
			对框架断路器、操作机构的弹簧、齿轮、传动连杆等部位的螺栓进行紧固检查,加润滑油,检查其动作情况	
		大修	互感器校验、测试、断路器触头及灭弧罩清理	必要时
			表计校验、测试	
			更换熔断管、抽屉柜导轨	
			抽屉柜导轨位置调整,更换磨损变形的导轨等	
			对框架开关进行解体检修,并按工艺进行装配	
			断路器合闸同期性及接触电阻检测	
13	110 kV线路差动保护,主变压器差动保护,主变高、低压侧后备保护,交流27.5 kV开关柜差动保护、综合继电保护装置、0.4 kV框架开关保护等	小修	电气连接部分应连接牢固,接触良好	1年
			检查二次回路的连接应良好	
			检验继电器的机械特性及电气特性,应无卡滞,动作灵敏	
			测量继电器的动作值、返回值、延时时间等应符合要求	
			整组动作试验,记录联跳情况	
			检查电压互感器、电流互感器安装情况,应无接线松动	
			设备安装牢固,接地良好,基础、支架应无严重破损剥落	
			检查保护功能应无多投、漏投、定值设错等情况	
			各开关保护装置应用文件备份	
			检查保护压板投入情况	
			检查信号显示正常	
			检查各设备间闭锁、联锁功能正常	
			对主变压器、线路进行冲击试验。检查差动保护装置在冲击电流下是否误动	
		大修	视运用、故障、技术进步情况更新改造继电保护装置	必要时

续上表

序号	设　备	修程	检修工作内容	周期
14	控制信号屏	保养	综合外观检查	6 个月
			检查端子排、通信线缆接线良好	
			屏柜外观除尘	
			检查音响报警系统	
			检查各装置所有指示灯指示状态正常	
			检查监控系统的历史报警记录、操作日志、运行报表、棒图及曲线记录	
			检查监控系统的命令响应、显示的终端数据正常	
			检查系统时钟的准确度	
			历史数据备份	
		小修	控制信号屏内部断电清扫	1 年
			检查通信管理机双机切换功能正常	
	工控机、交换机、通信管理机	保养	外观除尘	6 个月
			检查音响报警系统	
			检查工控机指示灯指示状态	
			检查监控系统的历史报警记录、操作日志、运行报表、棒图及曲线记录	
			检查监控系统的命令响应、显示的终端数据	
			检查系统时钟的准确度	
			历史数据备份	
		小修	同定期保养全部内容,工控机断电清扫	1 年
			更换不合格的设备、光纤、模块	
15	SVG	保养	用吸尘器对电路板、风道上的粉尘进行一次全面的清扫	3 个月
			对滤尘网、百叶窗进行除尘处理	
			检查所有电力电缆、控制电缆有无损伤,电力电缆冷压端子是否松动,高压绝缘热缩管是否松动	
			检查滤波电容无漏液、变色、裂纹及膨胀	
			检查印制电路板连接无松动,无异味或变色,无裂纹、破损、变形及腐蚀	
			检查散热风机无杂物靠近,无异常振动或声音	
			对 SVG 变压器进行全面清扫,对变压器网栅、百叶窗进行清扫	
			检查隔离柜隔离刀闸传动杆	
			紧固隔离柜、SVG 后台机柜二次端子	
			清扫 SVG 后台机柜	

续上表

序号	设　备	修程	检修工作内容	周期
15	SVG	小修	同定期保养全部内容	1年
			对变压器、充电柜所有进出线电缆、功率单元进出线电缆紧固一遍,确保电缆无松动,无灼伤痕迹	
			对SVG控制单元板、PT/CT板进行检查	
		大修	同小修全部内容	必要时
			更换冷却风机[使用寿命(3～4)万h]	
			必要时更换杆塔	
			更换绝缘子及避雷接地装置	
			更换拉线及金具	
			更换导线	
16	有源滤波设备	小修	调整触摸屏系统时钟	1年
			若时钟明显变慢或开机后系统时间恢复到初始值,更换时钟备用电池	
			触摸屏校准	
			保持设备周围环境的清洁与通风,清理设备通风口和设备内的积尘	
		大修	同小修的全部内容	必要时
			更换不能满足运行要求的主要元器件或整体更换	
17	同相供电装置	保养	监控界面的运行状态正常,无报警和故障,设备现场无异常发光、发热和声响	3个月
			对同相供电装置滤尘网进行除尘处理	
			检查所有电力电缆、控制电缆有无损伤,电力电缆冷压端子是否松动,高压绝缘热缩管是否松动,高压回路连接件是否连接可靠、螺栓是否松动或脱落,绝缘体有无变形、裂纹、破损或因过热而老化变色,有无附着灰尘、污损	
			清扫检查绝缘子、电压互感器、避雷器等高压设备灰尘	
			周围环境检查:设备周围无杂物、危险品存放,四周无跑、冒、漏、滴等现象	
			触摸屏显示清楚完整,安装紧固,无变形污损现象	
			对变压器进行清扫	
			柜内二次回路接线端子处无松动、脱落现象,线号排列整齐,标识完整清晰	
			柜体整体无变形、外观无破损、污物,柜门开闭灵活,无异常,电磁闭锁完好	
			功率单元存储条件满足同相供电装置保养手册要求,防潮、防尘、防外力损坏	
			对同相供电装置进行全面清扫	

续上表

序号	设　　备	修程	检修工作内容	周期
17	同相供电装置	小修	同定期保养全部内容	1年
			对变压器、功率单元所有进出线电缆、功率单元进出线电缆紧固一遍,确保电缆无松动,无灼伤痕迹	
			对同相供电装置控制单元板、PT/CT板进行检查	
		大修	同小修全部内容	必要时
			更换锈蚀严重的电缆支架	
			对电缆互连箱、直连头、电缆附件、接线盒、引线等进行全面检查,根据试验情况更换中间接头、终端头等电缆附件	
18	10 kV电缆、20 kV环网电缆	保养	隧道外20 kV环网电缆巡检内容参考110 kV电力电缆	3个月
			检查电缆排列整齐、固定牢靠,且不受张力	
			检查电缆弯曲半径符合规定,电缆外露部分保护管应完整无损,且固定牢靠	
			检查支架应完好,固定牢靠不锈蚀	
			电缆标识牌齐全,字迹清楚	
			更换老化的电缆绑扎带,检查过顶等位置电缆固定情况,使之无侵入限界的可能	
			电缆及支架接地部分接地良好	
			电缆中间接头处无过热、放电等异常情况	
		小修	同定期保养全部内容	1年
			进行电缆沟白蚁防治	
			检查电缆穿过竖井、墙壁、楼板或进入电气盘、柜的孔洞处,应用防火堵料密实封堵	
			隧道通向电缆层的入口处应有完好的防止小动物的措施	
			检查高架段环网电缆防护罩,必要时更换	
		大修	清除电缆上覆盖的碳酸钙等异物	必要时
			更换不合标准的电缆支架	
			对电缆互连箱、直连头、电缆附件、接线盒、引线等进行全面检查,根据试验情况更换中间接头、终端头等电缆附件	
19	110 kV、20 kV、10 kV所内电缆	小修	检查电缆排列整齐、固定牢靠,且不受张力,更换老化的电缆绑扎带	1年
			检查电缆弯曲半径符合规定,电缆外露部分保护管应完整无损,且固定牢靠	

续上表

序号	设 备	修程	检修工作内容	周期
19	110 kV、20 kV、10 kV 所内电缆	小修	检查支架应完好,固定牢靠、不锈蚀	1年
			电缆附件及支架等接地部分接地良好	
			进行电缆沟白蚁防治	
			检查电缆穿过竖井、墙壁、楼板或进入电气盘、柜的孔洞处,应用防火堵料密实封堵	
			隧道通向电缆层的入口处应有完好的防止小动物的措施	必要时
		大修	更换不合标准的电缆支架、桥架	
			根据试验情况更换电缆中间接头、终端头	
20	通信管理机、一体化工控机、智能测控装置	保养	检查、更新数据备份	半年
			检查设备及元器件上是否有大量的灰尘,测试系统的绝缘性	
			控制柜清扫	
			检查光纤、网线、电源线、RS485 通信线、元器件二次接线线路是否有松动,并紧固	
			检查柜内各个设备及元器件是否正常工作,如有损坏,及时更换	
		小修	检查机柜内各部件外观及安装情况,应无损伤、腐蚀,无明显变形、变色	一年
			电器元件整齐、端正,安装牢固可靠	
			柜内应无凝露、积尘,检查环境温度,检查设备是否有过热现象	
			机柜散热风扇工作正常,门灯照明工作正常	
			电源冗余切换,系统运行正常	
			观察电源模块、CPU 模块、DI 模块、DO 模块工作状态指示灯是否正常	
			机柜上电后,根据设计图纸,为 DI 模块各通道加载测试信号,检查信号有无变化	
			机柜上电后,根据设计图纸,在 P600 组态软件中强制 DO 模块各通道,检查对应输出继电器是否动作,检测输出端子信号有无变化	

3.3　变配电系统试验

3.3.1　电气设备试验基础知识

1. 电气设备试验分类

(1)按照试验目的不同进行分类

出厂试验:在电气设备制造完成后,出厂之前由制造厂进行的试验,目的是检验产品质量是否合格。

交接试验:在电气设备安装完成后,安装单位在正式移交给使用单位时,对电气设备进行的试验,以检验电气设备是否达到投运条件。

预防性试验:针对已投入运行的电气设备定期进行的试验,目的在于判断电气设备状态能否继续投入运行,以便及早发现绝缘缺陷,及时更换或修复,防患于未然。是预防设备损坏、保证安全运行的重要措施。

(2)按照试验内容不同进行分类

绝缘试验:对电气设备绝缘状况进行检查、鉴定的试验。根据试验时所加电压不同,绝缘试验又可分为破坏性试验和非破坏性试验两类。破坏性试验又称耐压试验,试验时对电气设备绝缘施加以不同波形的高电压,以检测绝缘的电气强度,因所加的电压远高出设备额定电压,所以对设备绝缘有一定损伤。根据所施电压形式不同,又可分为工频耐压试验、直流耐压试验、雷电冲击耐压试验、感应耐压试验、低频耐压试验等。试验具有破坏性质,以考验绝缘耐受各种过电压的能力,可能带来不可逆转的局部损伤或整体破坏。非破坏性试验:测定表征电气设备绝缘状况的一些参数。通过这些参数及其变化情况,判断绝缘状况,例如绝缘电阻吸收比测量,介质损耗角测量,直流泄漏电流测量,变压器油的色谱分析,油的介电强度试验等。主要检测除电气强度以外的其他电气性能,不损伤绝缘,具有非破坏性的性质。

特性参数试验:对电气设备的电气和机械方面的一些特征进行试验,以判断其电气特性或机械特性。如变压器线圈直阻测量,变压器变比及连接组别测试,断路器分、合闸时间及速度测试,导电回路电阻测试,互感器校验等。

2. 设备绝缘缺陷

(1)集中性缺陷:裂缝、局部破损、气泡等。

(2)分散性缺陷:内绝缘受潮、老化、变质等。

3. 设备绝缘老化

电气设备绝缘在长期运行过程中会发生一系列物理变化和化学变化,致使电气、机械及其他性能逐渐劣化(例如电导和介质损耗增大、变脆、开裂等)的现象,称为绝缘老化。

3.3.2 绝缘电阻测试

1. 试验目的

检查电气设备绝缘是否存在普遍受潮、局部严重受潮、贯穿性缺陷,已初步了解设备绝缘状况。

2. 试验接线

试验接线如图 3.1、图 3.2 所示。

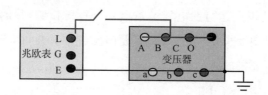

图 3.1 变压器绕组连同套管绝缘电阻高压侧对低压侧及接地接线图

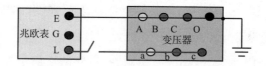

图 3.2 变压器绕组连同套管绝缘电阻低压侧对高压侧及接地接线图

3. 试验准备

该项试验应在被试设备安装就位后进行。擦除绝缘表面脏污,并对地放电 5 min。

4. 选择仪器

电气设备绝缘电阻测试选择 AVO 兆欧表,该仪器测试电压可选。兆欧表的电压等级应按下列规定执行:

(1)500 V 以下至 100 V 的电气设备或回路,采用 500 V。

(2)10 000 V 以下至 500 V 的电气设备或回路,采用 2 500 V。

(3)10 000 V 以上的电气设备或回路,采用 5 000 V。

5. 仪器检查

试验前必须对仪器做必要的检查工作。首先检查外观应完好无损,然后进行设备检查,将兆欧表放平稳,打开电源,按"测试"键,此时兆欧表应指示为"∞";用导线短接"L"端和"E"端,按"测试"键,此时应指示为"0",检查无误后方可使用。

6. 试验步骤

(1)进行测试前应将变压器所有对外的连线拆除,用干燥清洁的棉纱擦拭瓷套管表面。将绕组对地充分放电。

(2)为了安全,应将兆欧表放在绝缘垫上,操作人员应站在绝缘垫上,工作负责人负责安全防护。

(3)如果试验环境湿度较大,瓷套管表面泄漏较大时,可加等电位屏蔽线接于兆欧表"G"端,屏蔽环可用软裸线在瓷套管靠近接线端子部位缠绕几圈(但不能接触)。

(4)合上开关"K",按"测试"键,60 s 时,记录绝缘电阻的数值(同时记录试验时环境温度、湿度);测吸收比时,15 s 时记录一次数值 R_{15s},60 s 时再记录一次数值 R_{60s},吸收比 $=R_{60s}/R_{15s}$;测极化指数时,60 s 时记录一次数值 R_{60s},600 s 再记录一次数值 R_{600s},极化指数 $=R_{600s}/R_{60s}$。

(5)读取数值后,断开"K",然后再停止测试,以防止积聚电荷反馈放电而损坏仪表。

(6)变压器有铁芯引出套管的,应测试其对器身的绝缘电阻。还应检查铁芯接地线与器身接地线接触应良好。

(7)变压器绝缘电阻应测试高压绕组对低压绕组及大地和低压绕组对高压绕组及大地。

(8)试验完毕或重复试验时,必须将测试设备对地充分放电至少 5 min。

(9)如测试设备不做其他项目测试,应正确恢复被拆除的所有外部连线,并确认。

(10)试验完毕后,应对原始记录进行审核,应及时填写试验报告。

7. 试验标准

(1)变压器绝缘电阻不应低于产品出厂试验值的 70%。

(2)当测量温度与产品出厂试验时的温度不符合时,按表 3.2 换算到同一温度(20 ℃)时的数值进行比较。

表 3.2　油浸式变压器绝缘电阻的温度换算系数

温度差 K(℃)	5	10	15	20	25	30	35	40	45	50	55	60
换算系数 A	1.2	1.5	1.8	2.3	2.8	3.4	4.1	5.1	6.2	7.5	9.2	11.2

注:K 为实测温度减去 20 ℃时的绝对值。

当测量温度不是表 3.2 中所列温度时,A 可用线性插值法确定或按下式计算:

$$A = 5.5^{K/10}$$

当实测温度为 20 ℃以上时:

$$R_{20} = AR_t$$

当实测温度为 20 ℃以下时:

33

$$R = R_t / A$$

式中　R_{20}——校正到 20 ℃时绝缘电阻值；

　　　R_t——测量温度下的绝缘电阻值。

(3)变压器电压等级为 220 kV 及以上且容量为 120 MVA 及以上时,宜测量极化指数,与产品出厂值相比应无明显差别。

(4)变压器电压等级为 35 kV 及以上且容量为 4 000 kVA 及以上时,应测量吸收比,与产品出厂值相比应无明显差别,常温下不应小于 1.3。

8. 注意事项

(1)绝缘电阻试验应在良好的天气,且被试设备温度及周围环境温度一般不低于 5 ℃条件下进行。

(2)空气相对湿度较大时,绝缘体由于毛细管的作用,吸收较多水分,使导电率增加,绝缘电阻下降,湿度对于表面的泄漏电流的影响更为明显,所以湿度也是影响绝缘电阻的因素之一。因此,试验时应采取相应措施,如增加屏蔽环。

(3)兆欧表的引线要绝缘良好,还应与地绝缘,测量时"L"端与"E"端的引线不能接触。如引线要经其他支持物连接时,支持物必须绝缘良好,否则影响测量准确性。

(4)当兆欧表绝缘不良时,应将兆欧表放在绝缘垫上操作,以保证安全。

3.3.3　交流耐压试验

1. 试验目的

为能进一步暴露设备的缺陷,检查变压器绝缘强度,从而确定设备能否投入运行。

2. 试验接线图

交流耐压试验接线如图 3.3 所示。

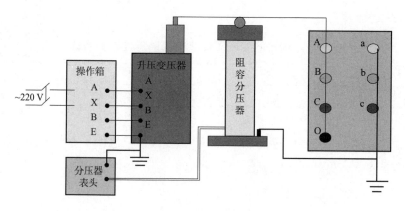

图 3.3　变压器高压绕组连同套管交流耐压试验接线图

3. 试验准备

交流耐压试验应在设备需进行的所有试验完成后进行,试验现场应有稳定的电源和良好的接地点。该项试验属于破坏性高压试验,试验前应做好安全防护,设置围栏,围栏上应悬挂"止步高压危险"标志牌。

4. 选择仪器

(1)选用试验变压器的基本原则

①试验变压器的电压应根据被试设备的要求进行选择,例如 27.5 kV 设备可选择两级试验变压器;55 kV 设备可选择三级试验变压器,低压侧电压的选择也应与现场的实际电源电压相匹配。

②试验变压器的额定电流 I_c 应大于设备所需电流,可按设备电容量估算:

$$I_c > 3.14 \times 10^{-7} C_x U_{sy}$$

式中　C_x——设备电容(可由介损试验测得)和附加电容(综合电容,其值一般在 100～1 000 pF);

　　　U_{sy}——试验电压(有效值,kV)。

(2)电气设备交流耐压试验选用交流耐压试验器和阻容分压器。阻容分压器用于高压测量。二次回路交流耐压试验选用耐压测试仪。

5. 仪器检查

试验前必须对仪器做必要的检查工作。检查仪器外观应完好无损,然后通电空载升压检查,观察阻容分压器指示。用放电棒接地,检查仪器保护应灵敏。检查无误后,方可使用。

6. 接线

接线前应拆除被测设备的外部连线,用专用地线作良好接地,并接好放电棒,经确认方可开始试验。

7. 试验步骤

(1)操作人员应站在绝缘垫上操作,或穿绝缘靴、戴绝缘手套操作。

(2)连接测试设备,检查调压器是否在零位,零位开关是否正常。

(3)接通电源后,试验负责人发出"将要合闸"命令,其他人员退行护栏以外,指定操作人员合上隔离开关,开机。操作者一只手应放在开关板旁边,另一只手速度均匀地(2～3 kV/s)将电压升至试验标准电压,以阻容分压器指示为准。开始计时(一般要求 1 min),计时结束,迅速均匀地将试验电压降至零,断开电源。试验过程中,其他试验人员应站在安全地带注意测试设备有无异常声音和弧光,如有异常现象,应高声呼喊"降压",操作人应立即停止试验并查找原因。

（4）试验完毕，将测试设备充分放电，并将放电棒挂在高压输出端，才可宣布"高压已断开"。可进行换线连接，准备下一次试验。

（5）如测试设备不做其他项目测试，应正确恢复拆除的所有外部连线，并确认。

（6）试验完毕后，应对原始记录进行审核，并应及时填写试验报告。

8. 试验标准

（1）容量在 8 000 kVA 以下、绕组额定电压在 110 kV 以下的变压器，应按表 3.3 试验电压标准进行交流耐压试验。

（2）容量在 8 000 kVA 以上、绕组额定电压在 110 kV 以下的变压器，在有试验设备时，可按表 3.3 试验电压标准进行交流耐压试验。

表 3.3　电力变压器交流耐压试验电压标准

电力变压器		额定电压(kV)						
		3	6	10	15	20	35	63
电压有效值 （kV）	油浸电力变压器	15	21	30	38	47	72	120
	干式电力变压器	8.5	17	24	32	43	60	

9. 注意事项

（1）工频耐压试验必须在测试设备其他试验电压较低的项目全部完成以后再进行该项试验。

（2）试验变压器与测试设备的连线应牢固，不能在试验过程中断开，设备接地应可靠，高压部分对其他设备、建筑物等应有足够的安全距离。

（3）操作人、负责人及监护人要统一"口令"，坚持实行"口令应答"制度。

（4）试验用电源线不能盘绕放置，应全部放开置于地面，以防盘绕产生涡流烧毁电源线。电源开关板应置于操作人员附近，发现异常情况及时切断电源。

（5）升压时电压应徐徐平稳地上升，不能有冲击现象产生。

（6）试验过程中，密切注意阻容分压器电压指示，避免产生电压谐振，串联谐振将产生较高的过电压以致击穿试品，这种电压可达到试验电压的 3～4 倍。

（7）试验过程中，电流表指示突然上升或突然下降，电压表指示突然下降，都是测试设备击穿的表征。

3.3.4　直流泄漏电流试验

1. 试验目的

反映绝缘受潮、劣化和局部缺陷等方面的问题。

2. 试验接线图

直流泄漏电流试验接线如图 3.4 所示。

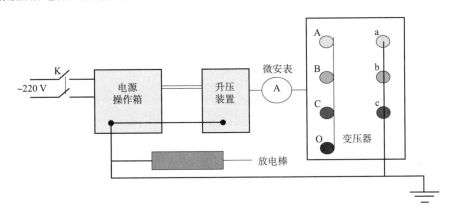

图 3.4　电力变压器(高压对低压及大地)的直流泄漏电流测试接线图

3. 试验准备

该项试验应在被测设备安装就位后进行。试验现场应有稳定的电源和良好的接地点。该项试验属于高压试验,试验前应做好安全防护:设置围栏,围栏上应悬挂"止步高压危险"标志牌。电缆试验时,两端均应设置围栏,专人防护。

4. 选择仪器

直流耐压和泄漏电流试验选择直流高压发生器和放电棒。

5. 仪器检查

试验前必须对仪器做必要的检查工作。首先用兆欧表检查放电棒应无断线,检查仪器外观应完好无损,然后通电空载升压检查,用放电棒接地,检查仪器保护应灵敏。检查无误后,方可使用。

6. 试验接线

接线前应拆除被测设备的外部连线,用专用地线作良好接地,并接好放电棒。

7. 试验步骤

(1)试验人员站在绝缘垫上操作,或穿绝缘靴、戴绝缘手套操作。

(2)将调压器置零位,微安表置于最大量程(2 mA 挡)。

(3)接通电源后,试验负责人发出"将要合闸"命令,指定操作人员合上隔离开关,开机。操作者一只手放在开关板旁边随时准备拉闸,另一只手操作徐徐升高电压,升压速度为 2 kV/s,升压过程中,应随时读出电压数值。升至变压器被测绕组的电压等级按表 3.3 所规定的试验电压,时间达到 1 min 时,读取并记录在高压侧微安表显示的泄漏电流值。如微安表稍有摆动,取其摆动范围的平均值,但其摆动范围不得大于 3 格。测试完毕迅速将调压器恢复零位,切断电源,用放电棒将被试设备充分放电,并将放电棒挂在高压输出端,才可宣布"高压已断开",此时才能允许其他工作人员进入围栏工作。

(4)三相电力电缆试验时,应每相分别试验,一相加压,另两相应短连接地。试验时,试验电压可分 4～6 阶段均匀升压,每阶段停留 1 min,并读取泄漏电流值。

(5)试验完毕或重复试验时,必须将被试设备对地充分放电至少 5 min。

(6)如被测设备不做其他项目测试,应正确恢复拆除的所有外部连线,并确认。

(7)试验完毕后,应对原始记录进行审核,并应及时填写试验报告。

8. 试验标准

(1)当变压器电压等级为 35 kV 及以上且容量在 1 000 kVA 及以上时,应测量直流泄漏电流。

(2)试验电压标准应符合表 3.4 的规定。当试验电压达到 1 min 时,在高压端读取泄漏电流,泄漏电流值不宜超过表 3.4 的规定。

表 3.4 油浸电力变压器绕组直流泄漏电流参考值

额定电压(kV)	试验电压(kV)	在下列温度时变压器绕组直流泄漏电流参考值(μA)							
		10 ℃	20 ℃	30 ℃	40 ℃	50 ℃	60 ℃	70 ℃	80 ℃
35	20	33	50	74	111	167	205	400	570
63～330	40	33	50	74	111	167	205	400	570
500	60	20	30	45	67	100	150	235	330

9. 注意事项

(1)连接被试设备的导线,必须尽可能短并且绝缘良好,对地要保持足够距离以减少杂散电流的干扰。

(2)试验前应擦拭被试设备表面,因为潮湿和脏污将加大泄漏电流值。

(3)试验前应进行过压保护整定,以免电压过高损坏设备绝缘。

(4)试验过程中遇到下列情况应采取相应措施:

①微安表周期性变化,可能是回路存在反充电或设备绝缘不良引起,应查明原因,加以解决。

②微安表指示值突然冲击,当向被试设备加压,微安表有指示后,如果其突然向小冲击,可能是电源引起;若向大冲击,可能是试验回路或被试设备出现闪络或内部断续充电引起,应马上降压断电,查明原因。

③微安表所显示数值随试验时间发生变化,若逐渐下降则可能是充电电流尚未稳定;若逐渐上升,可能是被试设备绝缘劣化引起。

3.3.5　直流电阻试验

1. 试验目的

检查电气设备绕组或线圈的质量及回路的完整性,以发现制造或运行中因振动而产生的机械应力等原因所造成的导线断裂、接头开焊、接触不良、匝间短路等缺陷。

2. 试验接线图

直流电阻试验接线如图 3.5 所示。

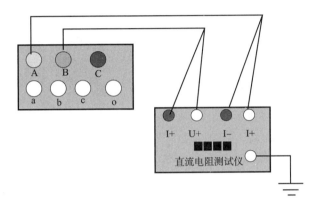

图 3.5　三相变压器线圈直流电阻测试接线图

3. 试验准备

该项试验应在被测设备安装就位后进行。试验现场应有稳定的交流电源和可靠的接地点。

4. 选择仪器

电子式直流电阻测试仪。

5. 仪器检查

试验前必须对仪器做必要的检查工作,保证仪器设备状态良好。首先检查外观应完好无损,然后作通电检查。

6. 试验接线

接线前应拆除被测设备的外部连线,拆前应做好标记,防止错误恢复。

7. 试验步骤

(1)由一名试验员操作仪器,另一名负责记录。

(2)对于多挡位变压器,应最后测量运行位。

(3)确认接线无误后,打开仪器电源开关,按"确定"便可。

(4)不确定量程的情况下,由小往上逐个确定。

（5）测试完毕后，按"复位"键，待仪器自放电结束后方可拆线。当对被测设备放电完全不确定时，应用专用的地线对被测设备充分放电。

（6）如被测设备不做其他项目测试，应正确恢复拆除的所有外部连线，并确认。

（7）试验完毕后，应对原始记录进行审核，并应及时填写试验报告。

8. 试验标准

（1）测量应在分接头的所有位置上进行。

（2）1 600 kVA 及以下三相变压器各相测得值的相互差值应小于平均值的 4%，线间测得值的相互差值应小于平均值的 2%。

（3）1 600 kVA 以上三相变压器各相测得值的相互差值应小于平均值的 2%，线间测得值的相互差值应小于平均值的 1%。

（4）变压器的直流电阻，与同温度下产品出厂实测数值比较，相应变化不应大于 2%。

（5）由于变压器结构等原因，差值超过上述（2）中要求时，可按（3）进行比较。

9. 注意事项

（1）试验完毕必须将设备充分放电。

（2）分接开关变位后恢复完成应重新进行额定挡位的试验。

3.3.6 变压器变化试验

1. 试验目的

变压器的变比试验就是验证变压器能否达到预计的电压变换效果，还可以检验各线圈的匝数是否发生短路等。

2. 试验接线图

变压器变比试验接线如图 3.6 所示。

3. 试验准备

该项试验应在被测设备安装就位后进行。试验现场应有稳定的交流电源和良好的接地点。

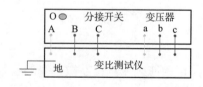

图 3.6 对称变压器变比测试接线图

4. 选择仪器

采用全自动变比测试仪测试。

5. 仪器检查

试验前必须对仪器进行必要的检查工作，保证仪器设备的良好状态。首先检查外观应完好无损，然后通电检查。对于变比测试仪，开机后机器开始自检，将 A—a、B—b、C—c 短接，设变比＝1、组别 Y/y，测试误差应为 0。

6. 试验接线

接线前应拆除被测设备的外部连线,拆除前应做标记。按照图 3.6 将仪器高低压端子与变压器端子测试线对应接好,并检查确认。

7. 试验步骤

(1)对于自动变比测试仪,首先接通电源,仪器自检完毕。

(2)设置变比、组别,对于三相变压器按照铭牌设置组别;对于单相变、电压互感器将组别设置为 Y/y。

(3)按"开始"键仪器自动测试,4 s 后,误差值、组别显示。

(4)如被测设备不做其他项目测试,应正确恢复拆除的所有外部连线,并确认。

(5)试验完毕后,应对原始记录进行审核,并应及时填写试验报告。

8. 试验标准

(1)测量应在分接头的所有位置上进行。

(2)测试值与制造厂铭牌数据相比应无明显差别,且应符合变比的规律。

(3)绕组电压在 220 kV 及以上的电力变压器,其变比的允许误差在额定分接头位置时为 ±0.5%。

(4)检查变压器的三相接线组别和单相变压器引出线的极性,必须与设计要求及铭牌上的标记和外壳上的符号相符。

9. 注意事项

(1)变比测试仪使用时,在高压侧输出 220 V 交流电压,注意安全。接线操作一定要在测量停止状态。高低压端子不能反接,容易损坏仪器。

(2)用双表法测量变比时,引线不宜过长,接触应良好。

3.3.7　导电回路电阻试验

1. 试验目的

判断每相动、静触头间的接触电阻大小,是否影响通过短路电流时的开断性能。

2. 试验接线图

导电回路电阻试验接线如图 3.7 所示。

3. 试验准备

该项试验应在被测设备安装就位后进行。

4. 选择仪器

回路电阻测试仪。

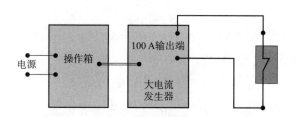

图 3.7 回路电阻测试仪测量回路电阻接线图

5. 仪器检查

试验前必须对仪器做必要的检查工作。首先检查外观应完好无损,然后将回路电阻测试仪作通电检查,检查无误后方可使用。

6. 试验接线

测量导电回路电阻,应按图 3.7 接线。

7. 试验步骤

(1)测量前应先分合几次断路器,以破坏触头上的金属氧化膜,减少电阻值误差。

(2)接通测试仪电源,启动"开始"按钮,测量完成及时记录数据。

(3)如被测设备不做其他项目测试,应正确恢复拆除的所有外部连线,并确认。

(4)试验完毕后,应对原始记录进行审核,并应及时填写试验报告。

8. 试验标准

断路器、隔离开关、负荷开关回路电阻要求电流不小于 100 A 的直流压降法测量,电阻值应符合产品技术条件的规定。

9. 注意事项

(1)接线时应用弹性较大的线夹,牢固夹在触头最近端,且用力拧线夹,以破坏线夹与断路器接触面的氧化膜,减小接触电阻。

(2)在测试过程中,不可断开测试线,以防损坏仪器。

3.3.8 断路器的分、合闸时间、可靠动作和速度试验

1. 试验目的

判断断路器开、合的可靠性,防止断路器在切断短路故障时将会使电弧的持续时间加长,造成触头烧损,在闭合短路故障时,由于阻碍触头闭合的电动斥力作用,将会引起触头的弹跳,造成触头的熔焊。

2. 试验接线图

断路器分、合闸时间测试接线如图 3.8 所示。

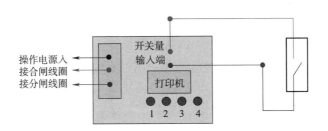

图 3.8　断路器分、合闸时间测试接线图

1—分/合选择键(trip/close);2—启动键(start);3—准备键(ready);4—准备指示灯

3. 试验准备

该项试验应在被测设备安装就位后进行。

4. 选择仪器

断路器开关特性测试仪。

5. 仪器检查

试验前必须对仪器做必要的检查工作。首先检查外观应完好无损,然后作通电开机,仪器自检无误后方可使用。

6. 试验接线

(1)断路器测时间、动作可靠性和速度按照图3.8接线。

(2)三相断路器需将开关量和输入端分别接入 A、B、C 的进出端。

7. 试验步骤

(1)试验前先手动、电动分合断路器几次,确保断路器机构灵活。

(2)选择"合闸"或"分闸"钮"1"键。

(3)按下"准备"按钮"3"键,待"准备指示灯"亮后,旋转"启动"钮"2"键,断路器动作一次。

(4)记录显示数据,包括分、合闸时间、弹跳时间、速度和三相断路器同期时间。

(5)共测试 3 次,时间取三次平均值。

(6)动作可靠性测试首先在"就地"状况下对断路器进行试验,在额定操作电压 U_N 下将断路器进行分、合闸试验。

(7)将操作电压调节至 $110\%U_N$,再次合断路器,断路器应可靠动作。

(8)将操作电压调节至 $65\%U_N$,分断路器,断路器应可靠动作。

(9)将操作电压调节至 $85\%U_N$,合断路器,断路器应可靠动作。

(10)将操作电压调节至 $30\%U_N$,分断路器,断路器不应动作。

(11)将电压调至额定电压,进行分、合闸试验,断路器应可靠动作。

(12)然后在"远控"状况下对断路器重复进行上述试验,断路器均应可靠动作。

(13)如被测设备不做其他项目测试,应正确恢复拆除的所有外部连线,并确认。

(14)试验完毕后,应对原始记录进行审核,并应及时填写试验报告。

8. 试验标准

(1)测量断路器的分、合闸时间应在产品额定操作电压下进行。实测数值应符合产品技术条件的规定。

(2)测量断路器主触头的三相或同相各断口分、合闸的同期性,应符合产品技术条件的规定。

(3)断路器合闸过程中触头接触后的弹跳时间不应大于 2 ms。

(4)合闸操作。

①当操作电压在表 3.5 范围内时,操动机构应可靠动作。

②弹簧、液压操动机构的合闸线圈以及电磁操动机构的合闸接触器的动作要求,均应符合上述试验步骤中的规定。

表 3.5   断路器操动机构合闸操作试验电压、液压范围

电　　压		液　　压
直　　流	交　　流	
$(85\%\sim110\%)U_N$	$(85\%\sim110\%)U_N$	按产品规定的最高及最低值

注:对电磁机构,当断路器关合电流峰值小于 50 kA 时,直流操作电压范围为 $(80\%\sim110\%)U_N$。U_N 为额定电源电压。

(5)脱扣操作。

直流或交流的分闸电磁铁,在其线圈两端测得的电压大于额定值的 65% 时,应可靠地分闸,当此电压小于额定值的 30% 时,不应分闸。

9. 注意事项

(1)传感器要安装正确、可靠,以减少动作时的阻力。

(2)传感器要连接牢固,因为光栅松动会影响测量准确。

(3)测量前熟知被测断路器的技术参数,以便与测量数据进行比较。

(4)新安装的断路器必须经过严格的调整,手动操作正常,并且经过若干次手动、电动分合闸之后再进行时间、速度等测量。

(5)对于不可调节的操作电源,可以通过串联滑线电阻器来改变电压的高低。

(6)远控操作断路器时,须两名试验人员配合,一人操作,一人在断路器旁监视断路器的动作情况。

第4章 ▶ 市域铁路变配电系统安全操作与故障处理

4.1 变配电专业安全操作规定

1. 一般规定

(1)高压变电系统电气设备自第一次受电开始即认定为带电设备,之后设备的一切作业,必须按《供电设备安全操作规程》的规定执行。

(2)从事高压变电运行和检修工作的人员,实行安全等级制度,经过考试评定安全等级,取得"安全合格证"之后,方准参加与所取得的安全等级相适应的工作。

(3)对从事高压变电系统运行和检修工作的人员,必须按下列规定进行安全考试并合格:

定期考试:对《供电设备安全操作规程》及相关内容,每年定期进行一次考试。

临时考试:对属于下列情况的人员,应学习《供电设备安全操作规程》,并经考试合格后,方能工作。

①开始参加高压变电系统运行和检修工作的人员。

②中断工作连续 6 个月及以上仍然从事高压供电运行和检修的人员。

(4)未按规定参加安全考试和取得安全合格证的人员,必须经当班的值班员(巡检人员)准许,在安全等级不低于二级的人员监护下,方可进入高压设备区。

(5)变配电所的值班人员及检修人员,要每年进行一次身体检查,对不适合从事高压变电系统运行和检修工作的人员要及时调整。

(6)雷电时禁止在室外设备以及与其有电气连接的室内设备上作业。

(7)禁止高压带电作业。

(8)高处作业(距离地面 2 m 以上)人员要系好安全带,戴好安全帽。在作业范围内的地面作业人员也必须戴好安全帽。高处作业时要使用专门的用具来传递工具、零部件和材料等,不得抛掷传递。

(9)作业使用的梯子要结实、轻便、稳固,并按规定试验合格。

当用梯子作业时,梯子放置的位置要使梯子各部分与带电部分之间保持足够的安全距离,且有专人扶梯。登梯前作业人员要先检查梯子是否牢靠,梯脚要放稳固,严防滑移,梯子上只能有 1 人作业。使用人字梯时,必须有限制开度的措施。

(10)在供电设备区域及附近搬动梯子、长大工具、材料、部件时,要时刻注意与带电设备部分保持足够的安全距离。

(11)在变电所范围内使用携带型火种或喷灯时,须提前申请动火作业令。不得在带电导线、设备以及充油设备附近点火。使用中的氧气瓶和乙炔气瓶应垂直放置并固定牢靠,氧气瓶和乙炔气瓶的距离不得小于 5 m,气瓶的放置地点不准靠近热源,距离明火 10 m 以外。

(12)每个高压分间及室外每台隔离开关的锁均应有两把钥匙。有人值班的变配电所由值班人员保管一把,交接班时移交下一班,无人值班的变配电所由巡检人员保管一把;另一把放在控制室内固定的地点。

当作业人员需要进入高压分间巡视或检修时,可向值班人员(或巡检人员)借用钥匙,巡视结束和检修结束时,值班人员要及时收回钥匙,并将上述过程记入有关记录中。

除上述情况外,设备钥匙不得交给其他人员保管或使用。

(13)在全部或部分带电的设备上进行作业时,应将所有作业的设备与运行设备用明显的标志隔开。

(14)电力调度员(简称电调,下同)下达的倒闸和作业命令,除遇有危及人身、行车和设备安全的紧急情况外,均必须有命令编号和批准时间,没有命令编号和批准时间的命令无效。

(15)变配电所倒闸作业、撤除或投入自动装置、远动装置和继电保护,除紧急情况外,必须有电调的命令方可操作。

(16)停电甚至是事故停电的电气设备,在断开有关断路器和隔离开关并按规定做好安全措施前,任何人不得进入高压分间或防护栅内,且不得触及设备。

(17)设备因事故停电时,若已经派人员去现场,在未与现场人员取得联系前,无论何种理由,均不得向停电设备上送电。

(18)高压变配电所发生高压接地故障时,在切断电源之前,任何人与接地点的距离:室内不得小于 4 m,室外不得小于 8 m。特殊情况下,必须要进入上述范围的人员,要穿绝缘靴,接触设备外壳和构架时要戴绝缘手套。

(19)当作业人员需要进入 SVG 柜体内及在 SVG 设备上作业时,作业前要先检查 SVG 接地必须完好。

(20)高压变配电所要按规定配备消防设施和急救药箱。当电气设备发生火灾时,要立即将该设备的电源切断,然后按规定采取有效措施灭火。

(21)在高压变配电所内作业时,严禁用棉纱(或人造纤维织品)、汽油、酒精等易燃物擦拭带电部分,以防起火。

2. 运行检修管理

(1)值班

1)高压变配电所分为有人值班定期巡检和无人值班定期巡检两种。有人值班的高压变配电所每班不少于2名值班人员,其中一人为值班员,一人为助理值班员。

2)助理值班员在值班期间受当班值班员的领导,当参加检修工作时,听从作业组施工负责人的指挥。

(2)巡检

1)除有权单独巡检的人员外,其他人员无权单独巡检。有权单独巡检的人员:当班值班员,安全等级不低于四级的检修人员,供电专业工程师和主管的领导干部。

2)当1人单独巡检时,禁止移开、越过高压设备的防护栅或进入高压设备间隔。如必须移开高压设备的防护栅或进入高压设备间隔时,要与带电部分保持足够的安全距离,并要有有权单独巡检的人员在场监护。

(3)倒闸

1)由电调管辖的设备,由电调发布倒闸命令,值班员受令复诵,电调确认无误后,方可给予命令编号和批准时间。每个倒闸命令发令人和受令人双方均要填写倒闸操作命令记录。

2)电调对1个变电所1次只能下达1个倒闸作业命令。对不需要电调下令倒闸的开关,倒闸完毕后要将倒闸时间、原因、操作人和监护人的姓名记入有关记录中。

3)倒闸作业必须2人进行,一人操作、一人监护。操作人和监护人均要穿绝缘靴,操作人还要戴绝缘手套。现场在接到倒闸命令后,应先在模拟图上进行模拟操作,确认无误后再进行倒闸。倒闸作业完成后,监护人要立即向电调报告。

4)隔离开关的倒闸操作要迅速、准确,中途不得停留和发生冲击。

5)倒闸作业要按操作卡片或电调发布的倒闸操作步骤进行。紧急情况下,电调可以直接下令执行,不需编写操作步骤,但事后要详细记录。

6)编写操作卡片要遵守下列基本原则:

①停电时的操作程序:先断开负荷侧后断开电源侧,先断开断路器后断开隔离开关。送电时,与上述程序相反。

②利用三工位隔离开关接地时,先断开三工位隔离开关,再闭合接地刀闸。合闸时,先断开接地刀闸,再闭合三工位隔离开关。

③禁止带负荷拉合隔离开关。

7)当回路中未装断路器时可用隔离开关进行下列操作:

①开、合电压互感器和避雷器。

②开、合空载母线。

③开、合变压器中性点的接地线(当中性点上接有消弧线圈时,只有在电力系统没有接地故障的情况下才可进行)。

8)带电更换低压熔断器时,操作人要戴防护眼镜,站在绝缘垫上,并要使用绝缘柄钳并戴绝缘手套。

9)正常情况下,不应操作机械按钮进行断路器分合闸。特殊情况必须使用机械按钮进行分合时,操作人要穿绝缘靴、戴绝缘手套。

10)由电调管辖的设备,遇有危及人身和设备安全的紧急情况,现场人员可先行断开有关的断路器和隔离开关,再报告电调。但再合闸时,必须有电调的命令。

(4)检修作业

1)高压设备的停电作业:在停电的高压设备上进行的作业及在低压设备和二次回路上进行的需要高压设备停电的作业。

2)高压设备远离带电部分的作业:当作业人员与高压设备的带电部分之间保持规定安全距离的条件下,在高压设备外壳及附近区域进行的作业。

3)低压设备作业:低压设备停电作业和不停电作业。

4)作业保证安全的组织措施:工作票制度;工作许可制度;工作监护制度;工作间断、转移和终结制度。

5)作业保证安全的技术措施:停电、验电、放电、接地、悬挂标示牌及装设防护栅。

(5)工作票制度

1)工作票是进行高压变配电系统作业的书面依据,填写要字迹清楚、正确,不得用铅笔书写,不得涂改。工作票填写要1式两份,1份交施工负责人,1份交值班员。施工负责人据此办理准许作业手续,值班员据此办理安全措施。

2)事故抢修、情况紧急时可不开工作票,但应向电调报告事故概况,听从电调的指挥。在作业前必须按规定做好安全措施,并将作业时间、地点、内容及批准人的姓名记入有关记录中。

3)根据作业性质不同,工作票分为两种:第一种工作票用于高压设备停电作业及低压400 V电源主母线的停电作业;第二种工作票用于高压设备远离带电部分的作业,低压设备上的停电与不停电作业,以及在二次回路上进行的不需高压设备停电的作业。

4)第一种工作票的有效时间,一般不得超过7天,遇抢修、大中修时,不得超过30天,若在规定的工作时间内作业不能完成,应提前半小时向电调办理许可延时手续。第二种工作票的有效时间最长为24 h,不得延长。

5)工作中工作票污损影响继续使用时,应将工作票重新填写。

6)签发人在工作前要尽早将工作票交给施工负责人和值班员,使之有足够的时间熟悉工作票的内容及做好准备工作。

7)为保证电调有足够时间审核工作票,并保证发现问题时能及时通知签发人更改及重新发票。工作票必须提前一天传给电调,特殊情况下向电调说明延迟传票的理由,但最迟不得超过作业开始前4 h。作业前30 min在施工所在地由施工负责人向当班电调核对工作票,并向当班电调申请办理准许作业手续。

8)施工负责人和值班员对工作票内容有不同意见时,要向签发人及时提出,经认真分析,确认无误后方准作业。

9)工作票中明确的作业组成员,一般不应更换,若必须更换时,应经签发人同意,若签发人不在,可经施工负责人同意。施工负责人的更换,必须经签发人同意(作业过程中不允许更换施工负责人),均要在工作票上签字,并报电调备案。

10)对非供电专业人员在变电所工作时须遵守下列规定:

①若需设备停电,由供电维保单位签发工作票,办理停电手续。并须在取得相应作业证的人员的监护下进行工作。工作票一份交给值班员,另一份交给监护人。监护人负责有关电气安全方面的监护职责。

②若设备不需要停电,由值班员负责做好电气方面的安全措施(如加设防护栅,悬挂标示牌等),向有关作业负责人说明安全注意事项,并记录在运行日志或有关记录中。必要时可派取得相应作业证的人员进行电气安全监护。

11)一个作业组的施工负责人同时只能接受一张工作票。一张工作票只能发给一个作业组。同一张工作票的签发人、施工负责人和值班员不得相互兼任。

12)工作票签发人和施工负责人由供电维保单位指定具备相应资格人员担任并书面公布。工作票的签发人及施工负责人资格名单应报电调备案。

13)凡是已终结的工作票,须在工作票正页盖上"已执行"印章;凡是因故未执行的工作票,须在工作票正页盖上"作废"印章。

14)工作票签发人签发工作票时要做到:

①安排的作业项目是必要和可行的。

②采取的安全措施是正确和完备的。

③配备的施工负责人和作业组成员的人数和条件符合规定。

15)施工负责人要做好下列工作:

①复查工作票中必须采取的安全措施符合规定要求。

②按照有关规定和工作票要求办理准许作业手续。

③复查值班人员所做的安全措施符合工作票要求。

④按照有关规定和工作票要求组织开展现场作业。

⑤时刻在场监护作业组成员的作业安全,如果必须短时离开作业地点时,要指定临时监护人,否则停止作业,并将人员和机具撤至安全地带。

⑥对修后设备质量进行检验。

16)值班员要做好下列工作:

①复查工作票必须采取的安全措施符合规定要求。

②按照有关规定和工作票要求办理安全措施。

③对修后设备质量进行检验。

(6)工作许可制度

1)在做好安全措施后,施工负责人要到作业地点进行下列工作:

①会同值班员按工作票的要求共同检查作业地点的安全措施。

②向全体作业人员指明作业许可范围,附近有电的设备(停电作业)及其有关注意事项。

③经施工负责人确认符合要求后,值班员和施工负责人在两份工作票上签字后,工作票一份交给施工负责人,另一份值班员留存,即可开始作业。

2)安全措施由施工负责人现场监督值班人员办理。无人值班的变电所,由班组负责人指定符合条件的人员担当值班员,由施工负责人指定符合条件的作业组成员担当助理值班员。若工作票需相邻变电所同步办理安全措施时,施工负责人可指定符合条件的作业组成员予以办理。

3)电力电缆停电检修时,必须将需检修的电缆两端可靠接地。作业手续可在电缆任意一端的变电所办理。

4)每次开工前,施工负责人要在作业地点向全体作业组成员宣讲工作票,布置安全措施。

5)停电作业时,在消除作业命令之前,禁止向停电的设备上送电,在紧急情况下必须送电时要按下列规定办理:

①通知施工负责人,说明原因,暂时结束作业。

②拆除临时防护栅、接地线和标示牌,恢复常设防护栅和标示牌。

③属于电调管辖的设备,按电调的命令送电;其他设备由供电维保单位批准送电。

④值班员要将送电的原因、范围、时间、批准人的姓名等记入运行日志和有关记录中。

6)停电作业的设备,在结束作业前需要试加工作电压时,要按下列规定办理:

①确认作业地点的人员、机具均已撤至安全地带。

②确认被测试设备具备试加工作电压的条件。

③拆除妨碍送电的临时防护栅、接地线和标示牌，恢复常设防护栅和标示牌。

④施工负责人会同值班员对有关部分进行全面检查，确认可以送电后，在施工负责人的监护下，由值班人员进行试加工作电压的操作。

⑤试加工作电压完毕后，如需继续作业，必须由值班人员根据工作票的要求，重新办理安全措施。

（7）工作监护制度

1）当进行高压设备远离带电部分的作业和低压设备不停电作业时，施工负责人主要是负责监护作业组成员的作业安全，不参加具体作业。

2）当进行设备的停电作业时，施工负责人除监护作业组成员的作业外，在下列情况下可以参加工作：

①当全所停电时。

②部分设备停电，距带电部分较远或有可靠的防护设施，作业人员不致触及带电部分时。

3）当作业人员较多或作业范围较广，施工负责人监护不到时，可另设监护人。设置的监护人员由施工负责人指定安全等级符合要求的作业组成员担当。

4）当作业需要时，可派遣不少于2人的小组（包括监护人）到其他地点进行相关工作，其作业人员应取得相应作业证。禁止任何人在高压设备间隔、高压柜、容器设备内单独停留作业。

5）值班员发现不安全因素要及时提出并要求其立即纠正，若发现有危及人身、行车、设备安全的紧急情况时，有权停止其作业，收回工作票，令其撤出作业地点。

（8）作业间断、转移和工作票终结制度

1）作业中需暂时中断工作离开作业地点时，施工负责人负责将人员撤至安全地带，材料、零部件和机具要放置牢靠，并与带电部分之间保持足够的安全距离。继续工作时，须重新检查安全措施符合工作票要求后方可开工。

2）在作业中断期间，未征得施工负责人同意，作业组成员不得擅自进入作业地点。每次开工和收工除按上述规定执行外，在收工时还应清理作业场地，开放封闭的通道，开工时施工负责人还要向作业组成员宣讲工作票，由值班员布置好安全措施后方可开始工作。

3）在同一个电气连接部分使用同一张工作票在几个工作地点工作时，全部安全措施在开工前一次做完，施工负责人在转移工作地点时，应向作业组成员交代带电范围、安全措施和注意事项。

4）当工作全部完成时，由作业组成员负责清理作业地点，施工负责人会同值班员检查

作业中涉及的所有设备,确认设备状况、状态,有无遗留物件等。确认无误后按照下列程序办理工作票终结手续:

①在施工负责人监护下,值班人员对安全措施进行恢复。

②施工负责人向电调申请销令。

③施工负责人向车站值班员(或行调)办理销点手续。

5)使用过的工作票由承修班组负责保管,工作票保存时间不少于1年。

3. 高压设备的停电作业

(1)停电范围

1)当进行停电作业时,设备的带电部分距作业人员小于表4.1规定者均须停电。

表 4.1 高压设备带电安全距离

电压等级	无防护栏	有防护栏
110 kV	1 500 mm	1 000 mm
20 kV、27.5 kV	1 000 mm	600 mm
10 kV 及以下	700 mm	350 mm

在二次回路上进行作业,可能引起一次设备中断供电或影响其安全运行的有关的设备均须停电。

2)对停电作业的设备,必须从可能来电的各方面切断电源,运用中的星形接线设备,其中性点应视为带电部分断路器和隔离开关断开后,及时断开其操作电源。

(2)作业命令的办理

1)对变电所有权停电的设备,可按规定自行停电、办理准许作业手续;对变电所无权自行停电的设备要按下列要求办理:

①属电调管辖的设备,作业前由施工负责人申请停电。电调审查无误后发布停电作业命令。电调在发布停电作业命令时,受令人认真复诵,经确认无误后,方可给命令编号和批准时间。发令人和受令人同时填写"作业命令记录",并由值班员将命令编号和批准时间填入工作票。

②对不属于电调管辖的设备停电时,由电调向用电主管部门办理停电作业的手续,施工负责人按照电调命令执行。

2)在同一个停电范围内有几个作业组同时作业时,对每一个作业组,电调必须分别下达停电作业命令。

(3)验电接地

1)高压设备验电及装设或拆除接地线时,必须由助理值班员操作,值班员监护。操作人和监护人均须穿绝缘靴、戴安全帽，操作人还要戴绝缘手套。

2）验电接地须符合以下规定：

①GIS组合电器维护接地操作时，以对应的带电显示器状态显示作为有无电压的判定依据。

②110 kV进线维护接地操作时，以万用表测量进线PT的二次回路首个端子的电压数值作为有无电压的判定依据。

③使用接地线时必须使用对应电压等级的验电器进行验电，验电前要对验电器进行自检，确认其状态良好。

除以上验电的措施外，表示断路器、开关分闸的信号以及常设的测量仪表显示无电时，不得作为设备无电压的根据；若指示有电，则禁止在该设备上工作，应立即查明原因。

3）对于有可能送电至停电作业设备上的有关部分均要装设接地线（或合上接地刀闸）。在停电作业的设备上如可能产生感应电压危及人身安全时应增设接地线。所有装设的接地线与带电部分应保持规定的安全距离。

4）当变电所停电时，在可能来电的各路进出线均要分别验电并装设接地线（或合上接地刀闸）。当部分停电时，若作业地点分布在电气设备互不相连的几个部分时，则各作业地点应分别验电接地。

5）在室内配电装置上，接地线应装在该装置导电部分的规定地点，这些地点的油漆应刮去并标出记号。配电装置的接地端子要与接地网相连通，其接地电阻须符合规定。

6）当验明设备确实已经停电后，则要及时装设接地线（或合上接地刀闸）。流程如下：

①对于GIS组合电器应先合接地刀闸，然后合断路器予以接地，并加机械锁。在变压器本体进行停电作业时，还必须在变压器本体套管的引上线上加挂地线。

②装设接地线顺序，应先接接地端，再将另一端通过接地杆接在停电设备裸露的导电部分上。拆除接地线时，其顺序与装设时相反。

7）接地线须用专用线夹，连接牢固，接触良好，严禁缠绕。

8）接地线要采用截面积不少于 25 mm² 带透明软绝缘套的铜软绞线，且不得有断股、散股和接头。

9）根据作业的需要必须短时间拆除接地线时，经施工负责人同意，可以将妨碍工作的接地线拆除，但该作业完毕后，要立即恢复。拆除和恢复接地线仍需由值班人员进行。

（4）悬挂标示牌和装设防护栅

1）若接触网、电线路上有人作业，要在有关断路器和隔离开关操作手柄上悬挂"有人工作，禁止合闸"的标示牌。

2)在室内设备上作业时,应在工作地点四周的相邻设备和禁止通过的过道上装设防护栅,并悬挂"止步,高压危险!"的标示牌(或加装安全警示带)。

3)部分停电的工作,当作业人员可能触及带电部分时,要装设防护栅(或加装安全警示带),邻近可能误登的带电构架上应悬挂"高压危险,禁止攀登!"的标示牌。

4)在维护接地时的断路器和三工位隔离开关把手上悬挂"禁止操作"的标示牌。

5)在结束作业之前,任何人不得拆除或移动防护栅和标示牌。

(5)消除作业命令

1)工作票安全措施全部恢复完毕,确认人员、工具材料出清后,施工负责人即可向电调申请消除停电作业命令。电调确认工作已经结束,具备送电条件后,给予消除停电作业命令时间,施工负责人记入"作业命令记录"中,由值班员将消除作业命令时间记入工作票中。

2)在同一个停电范围内有几个作业组同时作业时,对每一个作业组,电调必须分别给予消除停电作业命令时间。

3)只有在停电的设备上所有的停电作业命令全部消除完毕后,施工负责人方可按下列要求办理送电手续:

①属电调管辖的设备,按电调命令送电。

②不属电调管辖的设备,由电调向用电主管部门办理送电手续,施工负责人按照电调命令执行。

③涉及其他部门的低压设备,电调要向值班主任和环调联系办理送电手续,施工负责人按照电调命令执行。

(6)其他作业

1)高压设备远离带电部分的作业,当作业人员与高压设备带电部分之间的距离等于或大于规定的安全距离时,允许不停电在高压设备上进行下列作业:

①更换整修附件。

②取油样。

③设备简单测试。

④不会危及人身安全和设备安全运行的简单作业。

2)高压设备远离带电部分的作业,当设备不停电作业时,必须遵守下列规定:

①作业人员在任何情况下与带电部分之间必须保持足够的安全距离,并须用警戒绳限定可进入范围。

②作业人员和监护人员必须取得相应的作业证。

③在GIS设备外壳进行作业时,作业前应先检查设备的接地必须完好。

3)低压设备上的作业,一般应停电进行。若必须带电作业时,作业人员要穿紧袖口的工作服、戴防护眼镜,穿绝缘靴或站在绝缘垫上工作。所用的工具必须做好绝缘处理,附近其他设备的带电部分必须用绝缘板隔开。在低压设备上作业时至少有两人同时进行,作业人员和监护人员必须取得相应的作业证。

4)严禁将明火或能产生火焰(如喷灯、打火机、酒精等)的物体带入蓄电池柜,在向蓄电池注电解液或调配电解液时,要戴防护眼镜、戴手套。进行蓄电池充放电和维护时,应防止全所直流电源失压而引起开关跳闸。

5)二次回路上的作业,在确保人身安全和设备安全的运行条件下,允许有关的高压设备和二次回路不停电进行下列工作:

①测量、信号、控制和保护回路上进行较简单的作业。

②改变继电保护装置的整定值,但不得进行该装置的调整试验,且作业人员必须取得相应的作业证。

③当电气设备有多重继电保护,经电力调度批准短时撤出部分保护装置时,在撤出运行的保护装置上的作业。

6)在二次设备及其回路上进行作业时,必须遵守下列规定:

①作业人员不得进入高压设备间隔或高压柜内,不得登上 GIS 设备外壳,同时与带电部分之间的距离要等于或大于规定的安全距离。当作业地点有高压设备时,要在作业地点周围设围栅和悬挂相应的标示牌。

②所有互感器的二次回路均要有可靠的保护接地。

7)二次回路上的作业,根据作业要求需进行断路器的分、合闸试验时,根据相关规定办理。

8)在带电的电压互感器和电流互感器二次回路上作业时,除按规定执行外还必须遵守下列规定:

①电压互感器。注意防止发生短路或接地,作业时作业人员要戴绝缘手套,并使用绝缘工具,必要时作业前申请停用有关可能造成误动的继电保护。

②电流互感器。严禁将其二次侧开路。

短接其二次侧绕组时,必须使用专用短路片或短路线,并要连接牢固,接触良好。严禁用缠绕的方式进行短接。

③作业时必须有专人监护,操作人必须使用绝缘工具并站在绝缘垫上。

9)当用外加电源检查电压互感器的二次回路时,在加电源之前须在电压互感器的周围设围栅,围栅上要悬挂"止步,高压危险!"的标示牌,且人员要退到安全地带。

4. 试验和测量

(1)高压试验

1)当进行电气设备的高压试验时,要在作业地点的周围设围栅,围栅上悬挂"止步,高压危险!"的标示牌,并派专人看守。若试验设备较长时(如电缆),在距离操作人较远的另一端还应派专人看守。因试验需要临时拆除设备相关引接线时,在拆线前应做好标志,试验完毕恢复后要仔细检查,确认连接正确,方可投入运行。

2)在一个电气连接部分内,同时只允许1个作业组且在一项设备上进行高压试验。必要时,在同一连接部分内检修和试验工作可以同时进行,作业时必须遵守下列规定:

①在高压试验与检修作业之间要有明显的断开点,且要根据试验电压大小和被检修设备的电压等级保持足够的安全距离。

②在断开点的检修作业侧装设接地线,高压试验侧悬挂"止步,高压危险!"的标示牌。标示牌要面向检修作业地点。

3)试验装置的金属外壳要装设接地线,高压引线应尽量缩短,必要时用绝缘物支持牢固,试验装置的电源开关应使用有明显断开点的双极开关。试验装置的操作回路中,除电源开关外还应串联零位开关,并应有过负荷自动跳闸装置。

4)在施加试验电压(简称加压,下同)前,操作人和监护人要共同仔细检查实验装置的接线、调压器零位、仪表的起始状态和表计的倍率等,确认无误后且试验设备周围的人员均处在安全地带,经施工负责人许可方准加压。

5)加压作业要专人操作,专人监护。加压时操作人要戴绝缘手套、穿绝缘靴,操作人和监护人呼唤应答。在整个加压过程中,全体人员均要精神集中,随时注意有无异常现象。

6)未装接地线的具有较大电容的设备,应进行充分放电后再加压。当进行直流高压试验时,每告一段落或结束时应将设备对地放电数次并进行短路接地。放电时,操作人要使用放电棒并戴绝缘手套和穿绝缘靴。在试验设备上装设的接地线,只允许在加压过程中短时拆除,试验结束要立即恢复原状。

7)试验结束时,作业人员要拆除自装的接地线、短路线,检查试验设备,清理作业地点。

(2)测量工作

1)使用兆欧表测量绝缘电阻前后,必须将被测设备对地放电,放电时,作业人员要戴绝缘手套,穿绝缘靴。

2)在有感应危险电压的线路上测量绝缘电阻时,连同将造成感应电压的设备一并停电后进行。

3)使用兆欧表测量绝缘电阻前,必须将被测设备从各方面断开电源,经验明无电且确认无人作业时,方可进行测量。

测量时,作业人员不少于2人。作业人员站的位置、仪表安设的位置及设备的接线点均要选择适当。使人员、仪表及测量导线与带电部分保持足够的安全距离。作业地点附近不得有其他人停留。测量用的导线要使用相应电压等级的绝缘线。

4)使用钳形电流表测量电流时可以不开工作票,但在测量前要经值班员同意,并由值班员与作业人员共同到作业地点进行检查,必要时由值班人员做好安全措施方可作业。测量完毕要通知值班员。

5)使用钳形电流表测量时若需要拆除防护栏或打开开关柜才能作业时,应在拆除或打开后立即测量,测量完毕要立即恢复。

6)在高压设备上使用钳形电流表测量时,测量人员要戴好绝缘手套,穿好绝缘靴并站在绝缘垫上作业。

钳形电流表存放在盒内且要保持干燥,每次使用前要将手柄擦拭干净。

7)除专门测量高压的仪表外,其余仪表均不得直接测量高压。测量用的连接电流回路的导线截面积要与被测回路的电流相适应;连接电压回路的导线截面积不得小于1.5 mm²。

8)使用携带型仪表,仪器是金属外壳时,其外壳必须接地。在高压回路进行测量时,要在作业地点周围设围栅,悬挂标示牌。人员与带电部分之间须保持足够的安全距离。

4.2　变配电系统故障处理

1. 变配电一、二次设备故障检查及处理

故障现象及分析处理见表4.2。

表4.2　故障现象及分析处理

序号	故障现象	分析处理	备注
1	主变压器温度异常	原因分析: (1)变压器过负荷。 (2)通向冷却装置油阀关闭。 (3)变压器内部故障。 (4)温度指示装置损坏导致温度显示错误。 处理程序、方法及注意事项: (1)检查冷却装置油阀及负荷情况;若负荷较大,与电力调度联系建议减小行车密度,降低运行负荷。 (2)将温度计拆下,用开水或其他加热材料加热探头,用测温仪测温,比较温度计指示与测温仪测量值,若误差较大,说明温度计损坏,更换温度计;若温度计正常,根据负荷情况及室内温度与以往相同情况下的温度比较,若油温高出10 ℃以上或不断上升时,则认为变压器内部有故障。对变压器进行试验,试验项目为变压器绝缘电阻、直阻、变比、介损、泄漏电流及绝缘油试验等,根据试验数据综合分析	

序号	故障现象	分析处理	备注
2	变压器瓦斯保护动作	轻瓦斯保护动作原因分析： (1)温度下降或漏油使油位低于规定值。 (2)呼吸器阀门关闭。 (3)瓦斯继电器本身问题。 (4)二次回路问题误动作。 (5)受强烈振动影响。 (6)变压器内部进入空气。 (7)变压器内部故障,有较轻微故障产生气体。 (8)外部发生穿越性短路故障。 重瓦斯保护动作原因分析： (1)瓦斯继电器本身问题。 (2)受强烈振动影响。 (3)二次回路问题误动作。 (4)变压器内部故障。 (5)外部发生穿越性短路故障。 处理程序、方法及注意事项： (1)检查变压器的温度、油面、呼吸器阀门、周围环境及电压、电流指示情况。 (2)如未发现异常,应收集继电器顶部气体进行故障判别。 (3)如果收集的气体为空气,若该变压器近期增加油量,可能是气体未排放干净,对变压器进行排气后,经主管技术人员确认可继续运行,并密切监视瓦斯保护动作的时间、间隔和每次放出的气体量。 (4)如气体可燃必须立即停止运行。由化验人员取油样,进行化验分析,同时对变压器应做绝缘电阻、直阻、变比、介损、泄漏电流试验,技术人员根据化验和试验结果进行综合分析,判断故障原因,决定处理意见,见表1。 (5)如果无气体,变压器也无异常,则可能是二次回路、保护插件或瓦斯继电器本身存在故障,将重瓦斯由跳闸改投信号,对其进行检查,针对检查发现问题及时处理。 表1 气体性质与故障性质关系 | 气体性质	故障性质 | |---|---|
无色、无臭、不可燃	油中进入气体
黄色、不可燃	木质材料故障
浅灰色、有强烈臭味	绝缘纸或纸板故障
灰、黑色、易燃	油质故障	 (6)重瓦斯保护动作后未查明原因前不得将该变压器投入运行	

续上表

序号	故障现象	分析处理	备注
3	变压器差动保护动作	原因分析： (1)变压器及其套管引出线至两侧差动电流互感器以内的一次设备故障。 (2)差动保护电流互感器二次回路开路、多点接地或极性错误。 (3)直流控制回路问题。 (4)保护装置问题。 (5)保护整定值错误。 (6)高压侧三相断路器合闸不同期。 处理程序、方法及注意事项： (1)检查变压器差动保护范围内的各电气设备外观有无异常，变压器油位、油温、油色是否正常。 (2)检查保护定值，若是定值错误，修改定值。 (3)检查保护插件，若是插件故障，更换插件。 (4)检查差动控制保护二次回路是否有故障，如直流控制回路是否短路、电流互感器二次是否开路、二次接线是否正确，对二次回路进行检修。 (5)上述情况均无异常，对高压设备进行以下试验： ①对变压器进行绝缘电阻、直阻、变比、介损、泄漏电流、差动保护试验，并取油样做气相色谱分析。 ②对主变高压侧 SF_6 断路器进行绝缘电阻、开关特性试验。 ③对主变高压侧及低压侧电流互感器进行绝缘电阻、介损、变比及励磁特性试验，同时对主变低压侧电流互感器进行交流耐压试验。 对变压器低压侧避雷器进行绝缘电阻、直流 1 mA 下的电压及 0.75 倍该电压下的泄漏电流试验。 ④若主变两侧有高压电力电缆，对电缆进行绝缘电阻、直流耐压及泄漏电流试验。 ⑤试验人员根据试验数据进行综合判断。 (6)差动保护动作后，在未查明原因之前不得将变压器投入运行	
4	过流、速断保护动作	原因分析： (1)保护插件问题。 (2)二次回路问题。 (3)保护整定值错误。 (4)过负荷引起过电流保护动作。 (5)馈线保护拒动，引起主变保护动作。 (6)保护误动作。 (7)高压设备存在绝缘距离不足或短路接地故障。 处理程序、方法及注意事项： (1)对跳闸数据进行分析，是否为明显短路故障电流，若电流较大，检查主变压器、高压侧断路器、母线有无短路、放电痕迹及其他异常现象，变压器油位、油温、油色是否正常。 (2)检查负荷情况，馈线开关有无跳闸或拒动现象。若由于负荷过大，向调度建议限制区间列车运行速度，加大追踪运行间隔。 (3)一次设备无异常现象且电流较小时，检查保护插件及二次回路并核对保护整定值。 (4)检查保护是否误动作，进行互感器变比试验和过流、速断保护试验。 (5)若怀疑主保护拒动时，还应进行差动、瓦斯保护试验。 (6)经检查、试验未发现异常，电力调度批准后，可试投入运行，并加强对设备监视	

续上表

序号	故障现象	分析处理	备注
5	所用变故障	原因分析： (1)二次回路问题(如温控器、行程开关)。 (2)变压器绕组局部匝间短路。 (3)变压器铁芯局部短路。 (4)环境引起的变压器绝缘不良。 处理程序、方法及注意事项： (1)检查套管、箱体有无破损和放电痕迹，电缆有无烧损和放电痕迹。更换故障套管、电缆。 (2)检查所用变二次空气开关是否烧损，更换二次空气开关。 (3)检查二次回路是否有短路故障，检修二次回路。 (4)检查高压熔断器接触是否良好，熔丝是否熔断，处理熔断器底座或更换高压熔断器。 (5)对所用变进行绝缘电阻、直阻、变比和交流耐压试验。若试验结果不合格，更换变压器。 (6)处理所用变故障时要注意防止二次反送电	
6	GIS开关柜断路器拒动	原因分析： (1)直流控制电源问题。 (2)分合闸线圈烧毁。 (3)电机未储能。 (4)二次回路问题。 (5)机构故障。 处理程序、方法及注意事项： (1)检查电机是否正常储能，对电机进行更换。 (2)检查直流电源(控制、电机)的电压是否正常，对二次回路进行检修。 (3)检查分合闸线圈是否烧毁，是否有异味。更换分合闸线圈。 (4)检查机构有无卡滞现象。注润滑油，处理卡滞处所。 (5)检查操作机构辅助开关、限位开关转换是否到位。调整或更换辅助开关、限位开关。 (6)检查操作机构各轴连接销子是否脱落，安装连接销子。 (7)操作机构的检修必须先将合闸弹簧和分闸弹簧的能量释放掉，步骤如下：断开电动机电源—开关分闸(在合闸状态)—开关合闸—开关重新分闸—断开控制电源	
7	GIS开关柜断路器误动	原因分析： (1)二次回路问题(如直流控制电源存在短路或接地)。 (2)保护插件故障。 (3)保护整定值问题。 (4)保护误动。 (5)机构故障。 处理程序、方法及注意事项： (1)检查保护定值，若是定值错误，修改定值。 (2)检查直流回路是否有短路和两点接地。有接地时按直流接地故障查找和处理。 (3)检查保护插件，若是插件故障，更换插件。 (4)检查断路器机构是否失灵，如机械部分脱扣、销子脱落等，将合闸弹簧和分闸弹簧释能后进行处理。 (5)若是保护跳闸，进行相关的保护试验。 (6)必要时对断路器进行开关特性试验	

续上表

序号	故障现象	分析处理	备注
8	GIS 开关柜 SF₆ 气体泄漏	原因分析： (1)密封不严、密封螺栓松动、密封圈老化、密封面加工方式不合适等。 (2)焊缝渗漏。 (3)瓷套管破损。 (4)产品质量不良。 处理程序、方法及注意事项： (1)发现气体泄漏时，如果气压泄漏未低于限界值，要及时对开关柜进行补气；如果气压泄漏低于限界值，严禁对开关进行操作。 (2)做好防护措施，迅速打开设备室的门和通风装置，保持通风良好。 (3)对 GIS 气室维修时(如抽真空、充气、开气室、清洗)，现场至少有 2 人，严禁单人操作。 (4)在房间未彻底通风且测量了目前的氧气浓度前(最低 17% 体积比)或未佩戴防毒面具时，不得进入开关设备室。 (5)按照设备说明书和在专业人员指导下，对漏点进行检测处理	
9	真空断路器拒动	原因分析： (1)控制电源问题。 (2)分合闸线圈烧毁。 (3)电机未储能。 (4)二次回路问题。 处理程序、方法及注意事项。 (1)检查电机是否正常储能，对电机进行更换。 (2)检查直流电源(控制、电机)的电压是否正常，对二次回路进行检修。 (3)检查行程开关、航空插件是否损坏或接触不良。检修或更换行程开关、航空插件。 (4)检查分合闸线圈是否烧毁，是否有异味。更换分合闸线圈。 (5)检查机构有无卡滞现象。注润滑油，处理卡滞处所。 (6)检查操作机构辅助开关、分合闸挚子、限位开关转换是否到位。调整或更换辅助开关、分合闸挚子、限位开关。 (7)检查操作机构各轴连接销子是否脱落，安装连接销子。 (8)操作机构的检修必须先将合闸弹簧和分闸弹簧的能量释放掉。步骤如下：断开电动机电源—开关分闸(在合闸状态)—开关合闸—开关重新分闸—断开控制电源	
10	真空断路器误动	原因分析： (1)二次回路问题(如直流控制电源存在短路或接地)。 (2)保护插件故障。 (3)保护整定值问题。 (4)机构故障。 (5)保护误动。 处理程序、方法及注意事项： (1)检查保护定值，若是定值错误，修改定值。 (2)检查直流回路是否有短路和两点接地。有接地时按直流接地故障查找和处理。 (3)检查保护插件，若是插件故障，更换插件。 (4)检查断路器机构是否失灵，如机械部分脱扣、销子脱落等。将合闸弹簧和分闸弹簧释能后进行处理。 (5)若是保护跳闸，进行相关的保护试验。 (6)必要时对断路器进行开关特性试验	

序号	故障现象	分析处理	备注
11	真空断路器绝缘不良	原因分析： (1)绝缘部件损坏。 (2)绝缘部件老化。 (3)真空灭弧室损坏。 处理程序、方法及注意事项： (1)断路器空载合闸不成功，说明绝缘不良。 (2)检查断路器是否有烧伤、放电痕迹。 (3)对灭弧室进行真空度检测，不合格则更换真空灭弧室。 (4)更换其他绝缘部件。 (5)对断路器进行交流耐压试验	
12	开关特性参数不合格	原因分析： (1)绝缘拉杆故障。 (2)油缓冲故障。 (3)螺栓松动。 处理程序、方法及注意事项： (1)测量断路器行程、超行程。 (2)测量开关特性参数和导电回路电阻。 (3)调整绝缘拉杆、支持杆,紧固各部螺栓。 (4)测试开关特性参数和导电回路电阻	
13	触头故障	原因分析： (1)触头烧伤、接触不良。 (2)触头轻微烧伤或氧化严重。 (3)动静触头不对位或偏差较大。 (4)触头臂(底座)不水平或不垂直。 处理程序、方法及注意事项： (1)对触头进行打磨,涂凡士林。 (2)触头严重烧伤不可恢复,更换触头,连接部位涂导电脂。 (3)调整触头位置;触头臂(底座)不水平或不垂直,将触头臂或底座垫平。 (4)将断路器闭合,测试动、静触头间的导电回路电阻	

续上表

序号	故障现象	分析处理	备注
14	隔离开关接触部分过热、动作失常、支持绝缘子裂纹、破损、放电等	原因分析： (1)螺栓松动。 (2)负荷过大。 (3)绝缘子损坏。 (4)绝缘子绝缘下降。 (5)二次回路问题。 处理程序、方法及注意事项： (1)发现隔离开关的接触部位过热时，应向调度汇报，降低该开关的负荷，并在运行中加强监视。当发热情况不断恶化，威胁安全供电时，应根据电力调度命令立即使其停电，投入备用开关运行。若无备用应停电进行临时处理，可针对发热原因，紧固螺栓，打磨触头并涂凡士林。 (2)隔离开关支持绝缘子有裂纹、破损、放电但不致对供电安全构成威胁时，可继续运行；如情况严重，危急供电安全时，要将故障开关停运，投入备用运行。 (3)隔离开关支持绝缘子绝缘下降，应测量绝缘电阻和交流耐压试验，试验结果不合格，更换绝缘子。隔离开关支架损坏时，更换整台隔离开关。 (4)电动隔离开关拒动，如检查发现轴销脱落，铸铁件断裂，使隔离开关与传动机构脱节。可将轴销固定好，更换损坏的部件。如是电气回路故障，应检查合闸回路各触点接触面的接触状态，以及导线是否有断线。如是传动机构松动，使两接触面不在一条直线上。检修时，应调整松动部件，使两接触面处在一条直线上。 (5)检查直流控制电源的电压是否正常、电机回路是否正常。对二次回路进行检修。 (6)检查分合闸接触器、电机。更换分合闸接触器或电机。 (7)检查辅助开关是否到位，对辅助开关进行调整。 (8)检查机构有无卡滞现象，如蜗杆蜗轮是否卡滞或脱扣。注润滑油，处理卡滞处所。 (9)检查操作机构各轴连接销子是否脱落。安装连接销子。 (10)对隔离开关进行电动分、合闸试验。 (11)合闸后动静触头接触不良，用塞尺检查，调整传动杆和触头，紧固各部螺栓，打磨触头并涂凡士林。 (12)分、合闸角度不正常，三极(两极)隔离开关分、合闸不同期，调整传动杆、连杆和触头，紧固各部螺栓	
15	互感器过热、放电、绝缘下降	原因分析： 互感器内部故障。 处理程序、方法及注意事项： (1)对互感器进行绝缘电阻、介损、直阻、变比和特性测试，若试验结果不合格，更换电压互感器。 (2)检查、紧固连接部位。 (3)电压互感器的检修要注意防止二次反送电	
16	互感器二次值指示不准确	原因分析： (1)空气开关损坏。 (2)高压侧电压熔断管熔断。 (3)二次回路问题。 处理程序、方法及注意事项： (1)检查电压互感器二次空气开关是否烧损或有短路、接地，更换二次空气开关，检修二次回路。 (2)若电压互感器二次电压不正常，检查电压互感器高压侧电压熔断管是否熔断。 (3)检查电流互感器二次是否开路或接线错误，紧固接线，检修二次回路。 (4)带负荷运行的电流互感器指示值为零时，要立即将互感器二次侧短路，防止烧损电流互感器。 (5)对互感器进行变比测试，若试验结果不合格，更换互感器。 (6)电压互感器一次作业时，注意防止二次反送电。 (7)带电的电压互感器二次作业时，严禁发生短路和接地	

续上表

序号	故障现象	分析处理	备注
17	避雷器绝缘套管破裂或爆炸，雷击放电后连接引线或计数器烧损等	原因分析： (1)避雷器故障。 (2)计数器故障。 处理程序、方法及注意事项： (1)避雷器故障应作绝缘电阻和泄漏电流测试。若试验结果合格，可继续使用；试验结果不合格，应更换避雷器。 (2)避雷器计数器故障应进行放电计数试验。若试验结果不合格，应更换避雷器计数器。 (3)当绝缘套管有裂纹时，如天气正常，应将避雷器退出运行予以更换。暂时无备用可以做临时处理，在裂纹处涂敷环氧树脂以防受潮，但必须在短期内予以更换。 (4)如正值雷雨天气，待雷雨过后再进行处理。若绝缘套管裂纹已造成闪络时应立即停用。 (5)当避雷器发生爆炸时应立即停止运行。 (6)在切除有故障的避雷器前，若有接地现象，需停电进行，禁止用隔离开关停用故障避雷器。 (7)检修避雷器前要对避雷器充分放电	
18	电缆绝缘下降、接地故障、断线故障、混线故障、综合故障等	原因分析： (1)电缆受损。 (2)电缆终端头、中间接头制作工艺问题。 处理程序、方法及注意事项： (1)将电缆两端甩开，与其他设备隔离，并设专人监护。如电缆绝缘有问题，应对电缆进行绝缘电阻和直流耐压试验。若试验结果合格，可继续使用；试验结果不合格，应更换电缆或制作电缆头。 (2)根据绝缘电阻测试结果，初步判断故障类型。 (3)分别从电缆两端使用电缆故障测试仪进行测试，根据测试的波形和长度，并与实际长度相比较，确定故障类型。 (4)使用电缆路径仪和故障定点仪对故障处所进行定位，挖出电缆。 (5)如果确认是电缆终端故障，按电缆终端头制作工艺重新制作电缆头。 (6)电缆中间部位故障，将电缆锯断，按电缆中间接头制作工艺制作中间接头。中间接头制作后，要在地面做好标记和记录。 (7)每次试验和接触电缆芯线前都要对电缆充分放电。 (8)在线路边的作业，要做好行车防护	
19	穿墙套管接地故障	原因分析： (1)套管裂纹、破损。 (2)套管连接不紧固。 处理程序、方法及注意事项： (1)连接部位烧损较轻，打磨处理，烧损严重时更换套管和线夹。 (2)由于套管脏污引起的绝缘闪络、放电，清扫绝缘套管。 (3)套管裂纹、破损严重，更换套管。 (4)对套管进行绝缘电阻和交流耐压试验。 (5)穿墙套管故障影响线路运行时，可采取越区供电先疏通线路。 (6)穿墙套管故障抢修时要注意与带电部分之间的距离	

序号	故障现象	分析处理	备注
20	SVG 补偿装置	原因分析： (1)电容器外装熔断器熔断。 (2)环境温度过高。 (3)过负荷。 (4)电容器故障。 处理程序、方法及注意事项： (1)电容器外装熔断器熔断时，经电力调度批准后，将电容器撤除运行，采取必要的安全措施后对其进行外部检查。如未发现故障，更换熔断器熔芯后可重新将电容器投入运行。如送电后仍熔断，则应将电容器退出运行，查找、处理故障。 (2)电容器在运行中，由于环境温度过高或电容器过负荷，鼓肚不严重时，可继续运行，但应采取通风措施，降低环境温度。 (3)由于电容器鼓肚，焊缝及套管根部或顶部出现渗液渗漏，应立即退出运行。 (4)绝缘不良时，应进行绝缘电阻和交流耐压试验。 (5)差压保护动作，除检查、更换熔断器外，还应测量每一台电容值，对电容器进行调整或更换。 (6)空心电抗器常见的故障有局部发热、支柱绝缘子破裂、引线和线圈间放电、断线等。运行中若发现电抗器放电或局部烧焦，应立即断开补偿装置的断路器，停用电抗器。若发现电抗器局部发热，则应加强通风和监视。 (7)放电线圈油位不平衡时，要对套管进行放气。 (8)处理故障电容器应在断开该回路断路器并拉开隔离开关，将电容器组彻底放电(直至放电时无火花及放电声)后才可进行，否则人员不得进入网栅内。 (9)检修人员在触及故障电容器前，应戴绝缘手套，并用短路线将故障电容器两极短接放电后，再进行检查或外部拆卸工作	
21	高压软母线故障	原因分析： (1)母线和金具连接部位螺栓松动。 (2)软母线松股、断股或机械损伤。 处理程序、方法及注意事项： (1)软母线常见故障有连接金具发热、烧熔和放电，多股绞线断线、松股、断股以及机械损伤等。 (2)母线断线或断股影响运行时，更换母线。 (3)由于母线和金具连接松动造成的母线和金具烧损，更换烧损设备，紧固螺栓或重新压接母线。 (4)软母线松股、断股或机械损伤，紧急情况下，可先对母线进行绑扎、补强，事后再对母线进行更换或彻底修复。 (5)当高压母线发生故障但未造成短路接地时，应加强监视，确认故障部位。若危及安全供电时，应立即停电检修或临时处理	
22	高压硬母线故障	原因分析： (1)母线和金具连接部位螺栓松动。 (2)母线安装时绝缘距离不足。 (3)母线、连接金具机械损伤。 处理程序、方法及注意事项： (1)硬母线常见故障有母线和连接金具发热、放电、烧损、机械损伤等。 (2)由于母线和金具连接松动造成的母线和连接金具发热、放电，紧固螺栓。 (3)由于绝缘距离不够造成的放电，调节安装距离。 (4)母线和金具烧损，更换烧损设备、紧固螺栓。 (5)母线、连接金具机械损伤影响运行时，紧急情况下，可先对母线进行补强，事后再对母线进行更换或彻底修复。 (6)当高压母线发生故障但未造成短路接地时，应加强监视，确认故障部位。若危及安全供电时，应立即停电检修或临时处理。 (7)硬母线故障抢修时要注意与带电部分之间的距离，必要时采取越区供电使本所设备退出运行	

序号	故障现象	分析处理	备注
23	接地装置故障	原因分析： 接地虚接、断裂、脱焊。 处理程序、方法及注意事项： (1)接地装置常见的故障有接地线、接地端子损伤、断裂、虚接等。 (2)重新焊接或紧固。 (3)测试接地电阻。 (4)处理接地装置故障前要先将接地回路临时短接,处理完成后拆除临时接地线	
24	主变回流异常	原因分析： (1)二次回路问题。 (2)电流互感器问题。 (3)回流线开路或虚接。 处理程序、方法及注意事项： (1)线路有负荷时,若主变压器地回流大于轨回流电流,检查回流线二次回路是否接触良好,紧固接线。 (2)用钳型电流表测量主变回流柜内地网及回流线中的电流,测量值明显不正常,应对电流互感器进行变比测试。 (3)变比测试不合格,应更换电流互感器。 (4)拆开回流线与铜板连接的引线,检查引线端子是否有烧伤、氧化。若烧伤较轻,可进行打磨处理;烧伤严重要及时更换连接电缆或连接板。 (5)根据实际情况,选择倒切至备用主变运行或短时全所停电将回流线临时短接进行处理。 (6)若所内没有影响回流异常的故障,则可判断为接触网回流线故障,应迅速报告调度,对接触网设备检查处理	
25	保护装置故障	原因分析： (1)保护装置插件问题。 (2)二次回路问题。 (3)定值错误。 处理程序、方法及注意事项： (1)保护拒动或误动时,将相应开关退出运行,更换插件、检修二次回路或修改定值。 (2)当设备有多重继电保护,可经电调批准短时撤除部分保护,对撤除保护进行处理。 (3)保护试验或检修二次回路时,要注意二次回路的关联,防止造成其他开关误动作。 (4)严禁无保护或保护失灵情况下开关继续运行	

续上表

序号	故障现象	分析处理	备注
26	交流系统故障	原因分析： (1)交流盘进线失电。 (2)二次回路问题。 (3)母联开关故障。 处理程序、方法及注意事项： (1)检查交流盘进线是否有电，若无电可能是所用变故障、所用变一次熔丝熔断、交流盘进线空开跳开。合上跳开的进线空开或按所用变故障处理。 (2)如进线有电，检查交流母线、引接线、空气开关是否有虚接断线，接触器是否正常吸合，熔丝有无熔断，并作相应处理。 (3)若是两段母线不分段供电而只有一段母线有电，检查母联开关是否投入、接触器是否正常吸合；若是两路进线分别给两段母线供电，分别检查两个回路；一段母线故障，退出母联，将该母线重要负荷引到另一段母线上。 (4)进线、母联不能正常备投，检查各接触器工作是否正常及备自投回路有无虚接、断线。 (5)两路交流进线全部停电，断开直流充电回路，由蓄电池单独供电，应立即对自用变进行检查处理，然后进行故障处理。期间派专人不间断监视蓄电池电压，在倒闸时申请手动操作，由移动浮充机为蓄电池充电。 (6)两段母线同时故障，将母线退出运行，将交流电源直接引至直流盘进线上。 (7)在检查控制回路的时候要注意交流盘内交流监控单元的控制挡在"手动挡"还是在"自动挡"，如果是在"手动挡"，那么先将开关打至"自动挡"	
27	直流系统故障	原因分析： (1)直流母线电压消失或过低。 (2)回路故障。 (3)蓄电池故障。 处理程序、方法及注意事项： (1)直流母线电压消失或过低。 ①无交流电源或交流电源不正常，对交流电源进行检查并处理。 ②有交流电源时，对直流回路进行检查处理。 ③将故障母线重要负荷转移到另一段母线运行，然后对故障母线停电检修。 ④两段母线同时故障，将母线退出运行，将重要负荷直接引至蓄电池供电，由移动浮充机为蓄电池充电。必要时采取越区供电，将本所退出运行。 (2)直流接地故障时，采用拉路分段法进行判断。处理过程中防止发生两点接地，具体如下： ①查找直流接地故障原则：先备用设备后运行设备，先合闸回路后控制回路。 ②出现直流接地信号后，首先根据数据显示判断属哪一极接地，分析接地性质并判断故障范围。 ③若正进行倒闸和检修作业，检查有无误操作。 ④检查直流母线、充电装置、蓄电池有无明显接地。直流绝缘监察有无故障。 ⑤进行各回路的拉、合试验。由于合闸回路一般采用环路供电方式，因此在拉开该回路前，首先拉开环路开关。设有直流母线分段联络开关的变配电所，在检查直流母线、硅整流装置、蓄电池时应拉开联络开关分段查找。 ⑥在确定发生接地的回路后，再分别拉、合该回路各支路的空气开关(若是熔断器应将正、负极熔断器同时取下)或拆线，以逐步缩小故障范围。 ⑦尽量不切断或少切断直流回路，在拉合回路或支路时，无论是否接地，拉开后应尽快合上，切断时间不得超过3 s。拔取直流熔断器时，应正负极同时拔下。 ⑧查找过程中停止二次回路上的所有其他工作，防止直流两点接地。 ⑨严禁使用灯泡方法检查接地点，应用内阻不低于2 000 Ω/V 的直流电压表进行测量，比较安全方便。 ⑩检查接地回路时，要注意接地极性的转变。 ⑪采用拉路检查前，应采取必要措施防止直流失压引起保护误动。 (3)蓄电池充电不足或长期小电流放电，造成蓄电池容量降低。处理方法：重新充放电几次，必要时进行彻底放电，再重新充电。 (4)蓄电池内部短路，更换蓄电池。 (5)蓄电池电压异常，可能是蓄电池内部短路或断路，更换蓄电池	

2. 变配电 SCADA 系统故障检查及处理

(1)服务器柜、控制信号屏及接触网开关屏

服务器柜、控制信号屏及接触网开关屏设备故障及处理方法见表4.3。

表4.3 服务器柜、控制信号屏及接触网开关屏设备故障及处理方法

设备名称	故障位置及现象	故障可能原因	处理方法
服务器	操作系统软件故障	(1)数据丢失。 (2)病毒入侵	(1)病毒查杀。 (2)重装操作系统。 (3)报修
	应用软件故障	(1)数据丢失。 (2)病毒入侵	(1)病毒查杀。 (2)重装应用软件。 (3)报修
	硬件故障	主板、内存、电源、硬盘等接触不良或故障	(1)重新插拔。 (2)报修或替换
开关电源模块	(1)无输出电压。 (2)输出电压不附合要求	(1)输入故障。 (2)接线端子接触不牢靠。 (3)设备故障	(1)检查输入。 (2)检查输出端接线端子接触是否可靠。 (3)检查输入电压是否正常。 (4)无法排除故障,用新设备替换
一体化工控机	操作系统软件故障	(1)数据丢失。 (2)病毒入侵	(1)病毒查杀。 (2)重装操作系统。 (3)报修
	应用软件故障	(1)数据丢失。 (2)病毒入侵	(1)病毒查杀。 (2)重装应用软件。 (3)报修
	硬件故障	主板、内存、电源、硬盘等接触不良或故障	(1)重新插拔。 (2)报修或替换
测控装置	CPU 模块故障	(1)CPU 散热不足或失效。 (2)CPU 超频使用	(1)适当增加维护、维修计划。 (2)增加备品备件数量
	电源模块	(1)电源输入电压不稳。 (2)发热严重	(1)在输入端并入稳压管。 (2)提高电源模块负载,使用散热片
	输入、输出模块	(1)输入、输出电压不正常。 (2)设备损坏	(1)检查输入、输出二次线路。 (2)更换新的模块
	总线安装背板故障	接触不良或硬件故障	(1)重新插拔。 (2)报修或替换
交换机	(1)交换机报警灯亮。 (2)工作指示灯不亮。 (3)网口通信状态指示灯不亮。 (4)连接到交换机上的设备网络不通	接触不良或硬件故障	(1)检查电源端子是否连接可靠牢固。 (2)输入电压是否正常。 (3)检查网线、光纤等是否可靠接插。 (4)报修或替换

续上表

设备名称	故障位置及现象	故障可能原因	处理方法
通信控制器	(1)电源故障引起设备不工作。 (2)网口或串口等接口故障	接触不良或硬件故障	(1)检查电源端子是否连接可靠牢固。 (2)输入电压是否正常。 (3)检查网线、通信线等是否可靠接插。 (4)报修或替换
能耗采集装置	(1)电源故障引起设备不工作。 (2)网口或串口等接口故障	接触不良或硬件故障	(1)检查电源端子是否连接可靠牢固。 (2)输入电压是否正常。 (3)检查网线、通信线等是否可靠接插。 (4)报修或替换
继电器	线圈不吸合或辅助触点不动作	(1)端子接触不良。 (2)线圈烧毁。 (3)辅助触点粘连	(1)检查电源端子是否连接可靠牢固。 (2)检查线圈电压是否正常。 (3)报修或替换
触网开关操作按钮（带指示灯）	按下按钮输出端子无反应（不吸合或不断开）	(1)辅助触点故障。 (2)按钮主体机械机构故障	(1)更换触点模块。 (2)整体更换
触网开关操作按钮（带指示灯）	指示灯不亮	(1)指示灯电源故障。 (2)LED灯故障。 (3)接触不良	(1)检查电源接线端子是否可靠连接。 (2)检查LED灯是否正确安装并接触可靠。 (3)检查指示灯电源是否正常。 (4)检查LED灯是否烧坏。 (5)必要时更换
转换开关	旋转转换开关,输出端子无反应（触点不吸合或不断开）	(1)辅助触点故障。 (2)按钮主体机械机构故障	(1)更换触点模块。 (2)整体更换
指示灯	指示灯不亮	(1)指示灯电源故障。 (2)LED灯故障。 (3)接触不良	(1)检查电源接线端子是否可靠连接。 (2)检查LED灯是否正确安装并接触可靠。 (3)检查指示灯电源是否正常。 (4)检查LED灯是否烧坏。 (5)必要时更换
空气开关	输出端无电压	(1)端子接触不良。 (2)输入电压不正确。 (3)空气开关烧毁	(1)检查输入电压接线端子是否可靠连接。 (2)必要时更换

（2）接口设备及通信网络

接口设备及通信网络设备故障及处理方法见表4.4。

表4.4 接口设备及通信网络设备故障及处理方法

设备名称	故障位置及现象	故障可能原因	处理方法
光电转换装置	（1）光电转换装置有报警灯亮。 （2）工作指示灯不亮。 （3）网口通信状态指示灯不正常。 （4）连接到转换装置上的设备网络不通	（1）端子接触不良。 （2）输入电压不正确。 （3）设备故障	（1）检查电源端子是否连接可靠牢固。 （2）检查输入电压是否正常。 （3）检查网线、光纤等是否可靠接插。 （4）报修或替换
串口服务器	（1）工作电源指示灯报警状态。 （2）通道通信指示灯常亮或不亮。 （3）闪烁频率异常	（1）接线不正确。 （2）端子接触不良。 （3）输入电压不正确。 （4）设备故障	（1）检查电源端子是否连接可靠牢固。 （2）检查输入电压是否正常。 （3）检查网线、通信线是否可靠正确连接。 （4）报修或替换
交换机	（1）交换机报警灯亮。 （2）工作指示灯不亮。 （3）网口通信状态指示灯不亮。 （4）连接到交换机上的设备网络不通	（1）接触不良。 （2）硬件故障	（1）检查电源端子是否连接可靠牢固。 （2）检查输入电压是否正常。 （3）检查网线、光纤等是否可靠接插。 （4）报修或替换
开关电源	（1）无输出电压。 （2）输出电压不符合要求	（1）输入故障。 （2）接线端子接触不牢靠。 （3）设备故障	（1）检查输入、输出端接线端子接触是否可靠。 （2）检查输入电压是否正常。 （3）无法排除故障，用新设备替换
RS485双绞线	通信中断	（1）接线故障。 （2）断线	（1）检查接线端子接线是否牢固可靠。 （2）判断是否断线
RJ45网线	网口指示灯显示故障，通信中断	（1）接头接触不良。 （2）断线	（1）重新接插。 （2）重做接头。 （3）断线更换
光纤	网口指示灯显示故障，通信中断	（1）接头接触不良。 （2）被灰尘污染。 （3）断线	（1）重新接插。 （2）清洁接头。 （3）断线更换

第5章 变配电专业常用仪器仪表使用

5.1 万用表的使用

1. 使用范围

一般测量电阻,交直流电压、交直流电流、通断,还可以测量电容、电感、二极管、三极管等,常见万用表如图5.1所示。

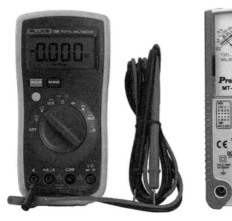

数值万用表　　　　　　　　　　指针式万用表

图5.1　常见万用表

2. 使用方法

(1)使用前应熟悉万用表各项功能,根据被测量的对象,正确选用挡位、量程及表笔插孔。

(2)在对被测数据大小不明时,应先将量程开关置于最大值,而后由大量程往小量程挡处切换,使仪表指针指示在满刻度的1/2以上处即可。

(3)测量电阻时,在选择了适当倍率挡后,将两表笔相碰使指针指在零位,如指针偏离零位,应调节"调零"旋钮,使指针归零,以保证测量结果准确。如不能调零或数显表发出低电压报警,应及时检查。

（4）在测量某电路电阻时，必须切断被测电路的电源，不得带电测量。

（5）使用万用表进行测量时，要注意人身和仪表设备的安全。测试中不得用手触摸表笔的金属部分，不允许带电切换挡位开关，以确保测量准确，避免发生触电和烧毁仪表等事故。

3. 注意事项

（1）测量完毕应将旋钮开关及时旋到"OFF"挡，若长期不使用万用表则应将其内置电池取出，以免电池腐蚀万用表。

（2）清洁时，要用加有少量洗涤剂的湿布轻拭表壳，严禁使用烈性化学溶剂清洗。

（3）要在规定的环境中使用，不得在高温、高湿、振动等条件中使用和存放。

（4）一旦表内熔丝发生熔断，应在切断电源的情况下更换同等规格的熔丝。

（5）万用表损坏，一定要找专业人员进行维修，切不可自行拆装表内元件等。

（6）在使用万用表之前，应先进行"机械调零"（数字万用表不用）。即在没有被测电量时，使万用表指针指在零电压或零电流的位置上。

（7）在使用万用表过程中，不能用手接触表笔的金属部分，这样一方面可以保证测量的准确，另一方面也可以保证人身安全。

（8）在测量某一电量时，不能在测量的同时换挡，尤其是在测量高电压或大电流时，更应注意。否则，会毁坏万用表。如需换挡，应先断开表笔，换挡后再去测量。

（9）万用表在使用过程中，必须水平放置（数字万用表不用），以免造成误差。同时，还要注意避免外界磁场对万用表的影响。

（10）万用表使用完毕，应将转换开关置于交流电压的最大挡（数字万用表关机）。

5.2　兆欧表的使用

1. 使用前检查

（1）检查兆欧表连接线的绝缘层是否完好，有无破损。

（2）检查兆欧表固定接线柱有无滑丝。

（3）开路试验：将兆欧表水平放置，将连接线开路，以每分钟120转的速度摇动摇柄。在开路试验中，指针应该指到∞处（在开路试验过程中双手不能触碰线夹的导体部分，试验完成后，线夹分别对地放电）。

（4）短路试验：以每分钟120转的速度摇动摇柄，使 L 和 E 两接线柱输出线瞬时短接，短路试验中，指针应迅速指零（注意在摇动手柄时得让 L 和 E 短接时间过长，否则会损坏兆欧表）。

2. 操作方法

（1）高压电缆绝缘相对低电阻测量接线。选择 2500 V 量程的兆欧表,先将兆欧表的接线端子"E"接地,再将接线端子"L"接相线,然后将接线端子"G"接在相线绝缘上。使用时以每分钟 120 转的匀速摇动兆欧表 1 min 后,读取表针稳定的数值。

（2）相对相绝缘电阻测量接线。G 端子为屏蔽端子,目的是屏蔽测量时在相线绝缘上产生的泄漏电流,以减少测量误差。使用时以每分钟 120 转的匀速摇动兆欧表 1 min 后,读取表针稳定的数值。

电力电缆绝缘电阻测试接线图如图 5.2、图 5.3 所示。

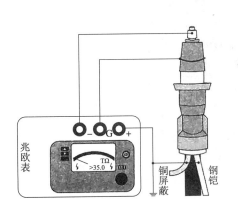 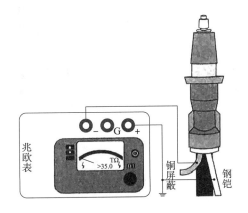

图 5.2　电力电缆绝缘电阻测试接线图　　图 5.3　电力电缆内衬层绝缘电阻测试接线图

3. 注意事项

（1）禁止在雷电时或高压设备附近测绝缘电阻,只能在设备不带电,也没有感应电的情况下测量。

（2）摇测过程中,被测设备上不能有人工作。

（3）兆欧表线不能绞在一起,要分开。

（4）兆欧表未停止转动之前或被测设备未放电之前,严禁用手触及。拆线时,也不要触及引线的金属部分。

（5）测量结束时,对于大电容设备要放电。

（6）兆欧表应定期校验。校验方法是直接测量有确定值的标准电阻,检查仪器测量误差是否在允许范围内。

5.3 接地电阻测试仪的使用

1. 使用方法

(1)校准。将电阻表水平放置,检查检流计指针是否在中心刻度线上,如有偏离,就要进行调零。接地电阻测试仪及其附件如图 5.4 所示。

图 5.4 接地电阻测试仪及其附件

(2)埋设探测针使接地体、电位探测针、电流探测针在一条直线上并且彼此相距 20 m,如图 5.5 所示。

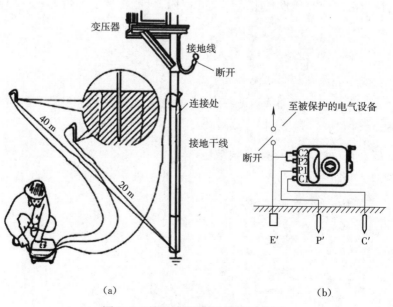

(a)   (b)

图 5.5 接地电阻测试接线示意图

(3)将倍率标度置于最大倍数,慢慢转动手柄,同时旋转测量标度盘,使检流计指针指在中心线上。

(4)当检流计指针接近中心线时,加快发电机手柄的转速,使其达到每分钟120转左右,转动同时调整测量标度盘,使指针指在中心线上。

(5)如果测量读数太小,应将倍率标度置于较小倍数,再重新测量,以得到正确电阻值。

(6)用测量的读数乘以倍率标度的倍数即是所测的接地电阻值。

2. 注意事项

(1)测量保护接地电阻时,一定要断开电气设备与电源连接点。在测量小于 1 Ω 的接地电阻时,应分别用专用导线连在接地体上,C2 在外侧,P2 在内侧。

(2)数字接地电阻测试仪测量接地电阻时最好反复在不同的方向测量 3～4 次,取其平均值。

(3)测量大型接地电网接地电阻时,不能按一般接线方式测量,可参照电流表、电压表测量方法中的规定拉出合适距离后插入接地极。

(4)若测试回路不通或超量程时,表头显示"1"时,应检查测试回路是否连接好或是否超量程。

(5)数字接地电阻测试仪当电池电压低于 7.2 V 时,表头显示欠压符号,此时应插上电源线由交流供电或打开仪器后盖板更换干电池。

(6)如果使用可充电池时,可直接插上电源线利用本机充电,充电时间一般不低于 8 h。

(7)存放保管数字接地电阻测试仪时,应注意环境温度和湿度,放在干燥通风的地方,避免受潮。防止酸碱及腐蚀气体,不得雨淋、暴晒、跌落。

5.4　钳形电流表的使用

1. 使用方法

(1)正确选择钳形电流表的挡位,选择 AC 交流电流挡,如图 5.6 所示。

(2)打开钳形电流表钳口,将钳形电流表正确接入被测电路,此时便可测到被测电路的实际使用电流了,如图 5.7 所示。

(3)如需测试电器的启动电流,应在上步的基础上按下"INRUSH"键后再启动电器设备电源,如图 5.8 所示。

(4)按下"INRUSH"键后,家用电器仍未启动时仪表显示为启动电流,如图 5.9 所示。

图 5.6　选择挡位

图 5.7　钳形电流表接线

图 5.8　按下"INRUSH"键

图 5.9　读取数值

2. 注意事项

(1)拨动量程开关时用力要适度,避免造成开关金属片的损坏。使用完毕,功能量程开关设置于电压挡。

(2)钳形电流表要防潮,若受潮数字会变得模糊不清。

(3)钳形电流表结构精密,灰尘会影响元件的性能,尽量不在灰尘弥漫的场所使用,使用完毕后应立即加盖或放进包装盒内。

(4)避免强烈的冲击和振动,以免造成钳形电流表内的零件松动甚至损坏。

(5)钳形电流表通常不怕磁场干扰,但在磁场中使用仍会失灵,甚至测不出数据。

(6)钳形电流表应避免在含酸、碱、盐的空气中使用,以免造成内部金属部件腐蚀,而形成各种故障隐患。

（7）应在15～60 ℃容许的温度范围内使用,若温度超出使用范围,液晶显示屏会显示异常。

（8）避免划伤液晶屏幕,不要阳光直射屏幕。

（9）钳形电流表应定期校准,校准时应选用同类或精度更高的钳形电流表,按先校正直流挡,之后校交流挡,最后校电容挡的顺序开展。

（10）钳形电流表不用时,应断开电源。长时间不用时,应取出电池单独存放,以免腐蚀内部零件。

（11）测量前,应先检查钳形铁芯的橡胶绝缘是否完好无损。钳口应清洁、无锈,闭合后无明显缝隙。

（12）测量时,应先估计被测电流大小,选择适当量程。若无法估计,可先选较大量程,然后逐挡减少,转换到合适的挡位。转换量程挡位时,必须在不带电情况下或者在钳口张开情况下进行。因为在测量过程中切换挡位,会在切换瞬间使二次侧开路,造成仪表损坏甚至危及人身安全。

（13）应在无雷雨和干燥的天气下使用钳形表进行测量,可由两人进行,一人操作一人监护。测量时应注意佩戴个人防护用品,注意人体与带电部分保持足够的安全距离。

（14）测量时,被测导线应尽量放在钳口中部,钳口的结合面如有杂声,应重新开合一次,仍有杂声,应处理结合面,以使读数准确。另外,不可同时钳住两根导线。

（15）测量5 A以下电流时,为得到较准确的读数,在条件许可时,可将导线多绕几圈,放进钳口测量,其实际电流值应为仪表读数除以放进钳口内的导线根数。

（16）如果测量大电流后立即测小电流,应开合铁芯数次,以消除铁芯中的剩磁,减小误差。

（17）每次测量前后,要把调节电流量程的切换开关放在最高挡位,以免下次使用时,因未经选择量程就进行测量而损坏仪表。

（18）钳形电流表与普通电流表不同,它由电流互感器和电流表组成,可在不断开电路的情况下测量负荷电流。但只限于在被测线路电压不超过500 V的情况下使用。

5.5　红外热成像测温仪的使用

1. 红外热成像测温仪(简称"热像仪")结构部件及功能组成

热像仪结构部件及功能说明如图5.10、图5.11所示。

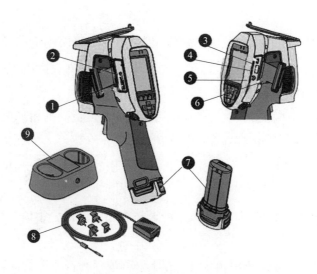

图 5.10　热像仪结构部件

1—微型 SD 存储卡插槽；2—HDMI 连接；3—USB 电缆连接；4—USB 存储设备接口；

5—交流适配器/充电器输入端；6—插孔盖；7—智能锂离子电池；

8—带通用适配器的交流电源；9—双座电池充电基座

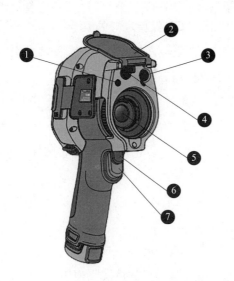

（a）正面

1—LED 照明灯/手电筒；2—翻盖式镜头盖；

3—可视光相机镜头；4—激光指示器/测距仪；

5—红外相机镜头；6—辅助扳机；7—主扳机

（b）背面

1—麦克风；2—扬声器；3—LCD 触摸屏（显示屏）；

4—控制面板；5—手带；6—手动对焦

图 5.11　热像仪部件功能说明

触摸屏提供了最常用的快捷方式。要更改参数或选择功能和选项,可在显示屏上触按目标。触摸屏具有背光源,可在昏暗的环境中操作。

控制面板用于更改参数或选择功能和选项,表5.1中列出了控制面板上按钮的功能。

表5.1　控制面板按钮及功能

按　　钮	功　　能
⏻	开机、关机按钮
F1	在子菜单中,按下该按钮可保存更改并返回实时视图
F2	按下该按钮可打开主菜单。在子菜单中,按下该按钮可保存更改并返回上一菜单
F3	在子菜单中,按下该按钮可取消更改并返回实时视图
▲ ▼ ◀ ▶	按下该按钮可移动光标和选择选项。在实时手动模式下,按下该按钮可调整水平和跨度

在正常工作(视频关闭)情况下,使用主扳机可捕获图像进行保存或编辑。当视频打开时,使用主扳机可开始/停止录制视频。

2. 基本操作

(1)打开和关闭热像仪

首次使用热像仪之前,至少对电池充电两个半小时。打开或关闭热像仪,按住 ⏻ 键2 s。为了延长电池的使用寿命,使用节电和自动关闭功能。

(2)对焦

正确对焦可确保红外能量正确地直接作用在检测器的像素上。如果没有正确聚焦,热图像就可能会模糊不清,辐射测量数据也将不准确。焦外红外图像不常用,或价值不大。要使用高级手动对焦系统对焦,请转动手动对焦控件,直至检查对象正确对焦。使用高级手动对焦系统可以操控 LaserSharp 自动对焦系统。

(3)捕获图像

①对焦目标。

②拉动后松开主扳机,或轻触显示屏可捕获并冻结图像。图像位于存储器缓冲区中,可供保存或编辑。根据所选的文件格式设置,热像仪显示捕获的图像和菜单栏,菜单栏会显示可用选项。

(4)保存图像

①图像位于存储器缓冲区中,然后可以保存或编辑图像。

②按 F1 键可将图像另存为文件并返回实时视图。

（5）菜单

使用菜单可更改和查看设置：

①按 ▼/▲ 键选择一个选项。

②按 F1 键可设置该选项。主菜单、辅助菜单和选项菜单会在最后一次按下功能按钮 10 s 后关闭。在进行选择、返回上一级菜单或取消操作之前，选项菜单一直保持打开状态。当热像仪处于气体检测模式时，有些功能会被禁用，这些功能会处于不可选取状态。

③主菜单选项说明见表 5.2。

表 5.2　主菜单选项说明

选　　项	说　　明
测量	设置与热图像相关的辐射温度测量数据的计算和显示
图像	设置用于在显示屏上和一些保存的图像和视频文件中显示红外图像的功能
相机	设置二级相机功能的选项
内存	选择该选项可查看和删除捕获的图像和视频
Fluke Connect	选择该选项可将热像仪与移动设备或其他 Fluke Connect 工具上的 Fluke Connect 应用程序配对
设置	设置用户首选项和查看关于热像仪的信息
SF_6 气体检测模式	设置气体检测功能的选项

（6）测量菜单选项

测量菜单选项说明见表 5.3。

表 5.3　测量菜单选项说明

测量菜单选项		说　　明
量程	<options>	从任一预设测量量程中选择温度量程或选择全自动量程
设置水平/跨度	自动	设置水平/跨度以自动或手动调整
	手动	
	设置水平/跨度	将水平/跨度设置为手动后，可更改水平/跨度
线性温度	<options>	打开/关闭线性温度
发射率	调整系数	当标准发射率表中的值不适用于测量时，设置自定义发射率值
	按表选择	从常见材料列表中选择一个发射率值
背景	<options>	更改背景温度以补偿反射背景温度。很热或很冷的物体可能会影响目标的表面温度和测量精度，当目标的表面发射率较低时尤为明显。调整反射背景温度以提升测量精度

续上表

测量菜单选项		说　明
透射率	＜options＞	更改透明红外窗口的透射率(红外窗口)。通过红外窗口进行红外检查时,目标发射的红外能量并未全部透过窗口的光学材料。如果已知窗口的透射率,则可以在热像仪或SmartView软件中调整透射率百分比以提升测量的精度
点温度	热	选择该选项可在显示屏上查看和打开/关闭热、冷点指示。测点温度是浮动的高低温度指示,其在显示屏上随图像温度测量结果波动而移动
	冷	
点标记	全部关闭	关闭固定温度点标记
	＜options＞	选择用于在捕获图像前突出显示区域的固定温度点标记的数量
点框	开启	打开/关闭处于目标中心的温度测量区(框)
	关闭	
	设置尺寸	将点框设置为开时,可更改点框的尺寸
	设置位置	将点框设置为开时,可更改点框的位置

(7)水平/跨度选项

水平和跨度是在量程内设置的温度总量程中的值,如图5.12所示。水平是在温度总量程中查看到的温度水平,跨度是在温度总量程中查看到的温度跨度。

更改水平/跨度:①选择测量＞水平/跨度＞手动;②选择设置水平/跨度。 ◀ 可减小温度跨度; ▶ 可增大温度跨度; ▲ 可将跨度移至更高的温度水平; ▼ 可将跨度移至更低的温度水平。

沿显示屏右侧的刻度显示热跨度在增大还是减小,并在移至总量程内的不同水平时显示热跨度。

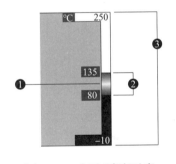

图5.12　水平/跨度示意
1—水平;2—跨度;3—热像仪总量程

(8)发射率调节

目标的实际表面温度和发射率会影响能量辐射量,热像仪感应目标表面的红外能量,并使用该数据计算估计的温度值。许多常见材料(如木材、水、皮肤、织物和涂漆面,包括金属)均能有效辐射能量并具有≥90%或0.90的高辐射系数。热像仪可精准测量具有高辐射系数目标的温度。发光面或未涂漆的金属无法有效辐射能量,并具有小于0.60的低辐射系数。要使热像仪能计算出更精准的低发射率目标实际温度估计值,就要调整发射率设置。

(9)点标记

保存图像之前,可在显示屏上用固定温度点标记突出显示一个区域。

①设置标记:选择测量＞标记,选择一个选项。

81

按 **F1** 可设置标记选项并转至"移动标记"显示屏。移动标记图标会显示在显示屏上，功能按钮上的标签会变为完成、下一步和取消。

②在显示屏上更改标记位置：按 **▲** / **▼** / **◀** / **▶** 可移动该标记在图像上的位置。按 **F2** 可选择下一个标记。对其余标记进行同样的操作，完成后按 **F1** 。

(10)点框

用点框功能将温度测量区(框)调整至目标中心。该区可伸缩到红外图像的不同水平中，会显示该区中最高(MAX)、平均(AVG)以及最低(MIN)温度测量值。

设置点框尺寸：选择测量＞点框＞设置尺寸，**▲** 可减小点框的垂直尺寸；**▼** 可增大点框的垂直尺寸；**◀** 可减小点框的水平尺寸；**▶** 可增大点框的水平尺寸。

当点框的尺寸适合时，可按 **F1** 设置更改并退出菜单或按 **F2** 设置更改并返回上一菜单。

设置点框位置：选择测量＞点框＞设置位置，**▲** **▼** **◀** **▶** 可移动点框在图像上的位置。当点框的位置适合时，可按 **F1** 设置更改并退出菜单或按 **F2** 设置更改并返回上一菜单。

(11)图像菜单

菜单选项及说明见表5.4。

表5.4 菜单选项及说明

菜单	选项	说　　明
屏幕	＜options＞	设置可在显示屏上查看的图形
图像增强	＜options＞	设置热像仪的高级图像增强功能
徽标	开启	打开/关闭显示屏上的 Fluke 徽标
	关闭	
	自定义	使用 SmartView 软件，可通过 USB 接口将自定义徽标从 PC 上传至热像仪
距离	开启	打开/关闭显示屏上的距离单位
	关闭	
	＜options＞	将单位设置为英尺或米
缩放	＜options＞	设置数字变焦比例
调色板	标准	选择标准调色板或 Ultra Contrast 调色板。标准调色板提供颜色的同等、线性展示，从而可对细节进行最佳展示。Ultra Contrast 调色板提供颜色的加权展示。Ultra Contrast 调色板在具有高热对比度的情况下发挥最佳作用，可获得高温和低温之间的额外颜色对比度
	Ultra Contrast	
	设置调色板	更改调色板颜色
	饱和色	打开/关闭饱和色。饱和色为打开时，可以设置要使用的饱和色

续上表

菜单	选项	说　明
IR-Fusion	\<options\>	选择该选项可设置 IR-Fusion 模式。热像仪在捕捉每个红外图像时会自动捕捉一个可见光图像,以显示可能存在问题的位置
颜色警报	高温警报关闭	打开/关闭高温颜色警报。高温颜色警报显示一幅全可见光图像,并只显示在所设置的表面温度水平以上的目标物体或区域的红外信息
	低温警报关闭	打开/关闭低温(或露点)颜色警报。低温颜色警报显示一幅全可见光图像,并只显示所设置的表面温度水平以上的目标物体或区域的红外息
	设置高温警报	设置高表面温度水平,需要打开高温警报
	设置低温警报	设置低表面温度水平,需要打开低温报警
	室外	显示一组高低限制外的颜色等温线或红外信息。需要打开高温警报和低温警报,并设置两个警报的温度水平
	室内	显示一组高低限制内的颜色等温线或红外信息。需要打开高温警报和低温警报,并设置两个警报的温度水平

（12）图像增强菜单

使用图像增强菜单启用热像仪的高级功能,可启用 MultiSharp Focus 或 Super Resolution。可配合 MultiSharp Focus 或 Super Resolution 使用滤波器模式,见表 5.5。

表 5.5　图像增强菜单选项说明

选项	说　明
滤波器模式	结合小温度范围内连续帧中的值将像素噪声或热敏度(NETD)降低至 30 mK
关闭	关闭 MultiSharp Focus 模式或 Super Resolution 模式,不会影响滤波器模式
MultiSharp Focus	在 MultiSharp Focus 模式下,热像仪可采集热像仪中的图像并将合焦的图像在显示屏上显示 8 s(60 Hz 型号)或 15 s(9 Hz 型号)。在显示屏上确认所需的图像。如有可能,在热像仪上处理图像
MultiSharp Focus (仅限于 PC 机)	在 MultiSharp Focus(仅限于 PC 机)模式下,无法在热像仪上处理图像,也无法在热像仪上查看图像。使用 SmartView 软件可在 PC 上查看图像。将文件格式设置为 .is2,MultiSharp Focus(仅限于 PC 机)模式才能工作
Super Resolution	Super Resolution 利用传感器捕获细微移动以生成具有双倍分辨率的图像。有关不同型号热像仪上可用的分辨率,在 Super Resolution 模式下,热像仪可采集数据和处理图像
Super Resolution (仅限于 PC 机)	在 Super Resolution(仅限于 PC 机)模式下,无法在热像仪上处理图像,也无法在热像仪上查看图像。使用 SmartView 软件可在 PC 上查看图像

（13）MultiSharp Focus 选项

可对与热像仪保持不同距离的多个目标进行对焦,捕获多张图像,然后创建一张同时对多个目标对焦的图像。

使用方法:

①将热像仪对准目标。

②捕获图像。捕获图像时保持热像仪稳定。显示屏会显示 2 s(60 Hz 模式)或 5 s(9 Hz 模式)"正在保存…"。

③当显示屏不再显示"正在保存…"时,可以移动热像仪。保存图像时,必要时可使用三脚架保持热像仪稳定。

在 MultiSharp Focus 模式下,热像仪可采集热像仪中的图像并将合焦的图像在显示屏上显示 8 s(60 Hz 型号)或 15 s(9 Hz 型号)。在显示屏上确认所需的图像。如有可能,在热像仪上处理图像。

在 MultiSharp Focus(仅限于 PC 机)模式下,捕获图像之前,热像仪会采集单个文件中的图像并在其出现时显示在显示屏上(2 s,60 Hz 型号或 5 s,9 Hz 型号)。在热像仪上无法查看合焦的图像,要查看合焦的图像,需在 SmartView 软件中打开。

(14)Super Resolution 选项

使用方法:

①捕获图像。

②保持热像仪稳定达 1 s。

在 Super Resolution 模式下,热像仪可采集数据和处理图像。图像将在热像仪的显示屏上显示 18 s。

在 Super Resolution(仅限于 PC)模式下,无法在热像仪上查看和处理图像,使用 SmartView 软件可在 PC 机上查看图像。

(15)距离菜单

使用激光指示器/测距仪可测量距热像仪最远 30 m 目标的距离。可以选择在显示屏上以英尺或米显示距离,距离会作为图像的一部分进行保存。

使用方法:

①打开距离菜单并选择要在显示屏上显示的单位。

②将热像仪对准目标。

③拉动并固定辅助扳机,显示屏顶部会显示⚠。

④将红色激光点定位到目标上。

⑤松开辅助扳机。

距离测量值显示在屏幕底部。热像仪无法进行测量时,测量值将显示为"————"。在这种情况下,使用三脚架或保持热像仪稳定,然后重新进行测量。如果激光测距超限,热像仪会因超出量程距离而显示一则错误消息。

(16)相机菜单

相机菜单选项说明见表 5.6。

表 5.6　相机菜单选项说明

菜单	选项	说　明
LaserSharp 自动对焦	开启	打开 LaserSharp 自动对焦,可自动对目标对焦
	关闭	关闭 LaserSharp 自动对焦,可使用高级手动对焦
背照灯	<options>	选择该选项可设置显示屏的亮度级别
手电筒		打开/关闭内置手电筒
视频	视频/音频	选择录制视频后,选择该选项可录制视频和音频
	仅视频	选择录制视频后,选择该选项可仅录制视频
	录制视频	选择该选项可开始录制视频
自动捕获	开始捕获	选择该选项可捕获并保存一幅或一系列红外图像,具体取决于"自动捕获"的设置
	间隔	设置捕获图像间隔的小时数、分钟数或秒数
	图像计数	设置要捕获的图像数量,或者选择最大内存以捕获并保存图像,直至占满所选内存空间或直至电池电量耗尽
	手动扳机	选中开始捕获后,选择该选项可立即捕获图像
	临时扳机	选中开始捕获后,选择该选项可在高于或低于设定温度限值时捕获图像
	设置临时扳机	选中临时扳机后,可设置触发自动捕获图像的温度和条件

(17)录制视频

①选择相机＞视频。

②选择视频/音频或仅视频。

③触按录制视频可设置热像仪以录制视频。显示屏的左上角会显示 ⏸ 。

④拉动后松开主扳机,以开始录制。显示屏的左上角会显示 ⏺REC ,运行时间显示在屏幕底部。

⑤拉动后松开主扳机,以停止录制。

⑥按 F2 可结束录制会话。

⑦按 F1 可保存视频文件。

(18)观看视频、播放视频

①打开存储器菜单。

②选择要播放的文件。所有视频文件均会在缩略图的右上角显示 📹 图标。

③按 F1 可设置文件。

④按 F1 可开始播放视频。播放视频时,按 ◀ 或 ▶ 可快进或快退。按 F1 可恢复正常速度。

⑤按 F3 可退出视频模式。

（19）日期

日期显示：月/日/年或日/月/年。

设置日期：

①选择设置＞日期。

②选择月/日/年或日/月/年。

③按 **F1** 可设置新格式。

④选择设置日期。

⑤按 **F1** 可打开"设置日期"菜单。

⑥按 ◀ / ▶ 可选择日期、月份或年份。

⑦按 ▲ / ▼ 可更改日期、月份或年份。

⑧按 **F1** 可设置日期并退出菜单。

（20）时间

时间显示：24 小时制或 12 小时制。

设置时间：

①选择设置＞时间。

②选择 24 小时制或 12 小时制。

③按 **F1** 可设置时间格式。

④选择设置时间。

⑤按 **F1** 可打开"设置时间"菜单。

⑥按 ◀ / ▶ 可选择小时或分钟。

⑦如选择了 12 小时制时，请选择 AM 或 PM。

（21）SF_6 气体检测模式菜单

SF_6 气体检测模式菜单选项说明见表 5.7。

表 5.7　选项说明

选　　项	说　　明
SF_6 气体检测模式：ON	打开气体检测模式
SF_6 气体检测模式：OFF（关）	关闭气体检测模式
捕获图像	在启用 SF_6 气体检测模式后，将热像仪设置为在气体模式下捕获图像
视频捕获	在启用 SF_6 气体检测模式后，将热像仪设置为在气体模式下捕获视频
高增益（三脚架）	在启用 SF_6 气体检测模式后，优化当热像仪安装在三脚架上时的显示灵敏度
低增益（手持）	在启用 SF_6 气体检测模式后，优化手持热像仪时的显示灵敏度

（22）气体检测条件

①热像仪基于以下条件检测气体泄漏：气体和背景环境之间的温差；风速；背景场景中的干扰量（例如云量）；热像仪的稳定性；热像仪与泄漏点的接近度。

②为提高气体检出率，请将热像仪置于以下环境中：气体和背景环境之间的温差最大；微风；背景场景中的干扰少，蔚蓝天空为最佳；热像仪处于稳定状态，如果可能，请使用三脚架和高增益（三脚架）模式；热像仪离泄漏点较近，如果无法贴近，请使用2倍镜头。

（23）电池保养

①勿将电池和电池组置于热源或火源附近，勿置于阳光下照射。

②请勿拆开或挤压电池和电池组。

③如果长期不使用产品，请将电池取出，以防电池泄漏而损坏产品。

④将电池充电器连接到充电器前面的电源插座。

⑤请仅使用 Fluke 认可的电源适配器对电池充电。

⑥保持电池和电池组清洁干燥。用干燥、清洁的抹布清理接头。

5.6　紫外线成像仪的使用

1. 主要特点

（1）最高的电晕检测。

（2）快速光学变焦的可见通道。

（3）紫外线变焦。

（4）紫外线和可见光通道的自动对焦。

（5）背景降噪。

（6）内置视频、拍照、音频记录。

（7）可折叠的高分辨率彩色液晶屏。

（8）紫外线光子计数器。

（9）配有便携式背心，便于操作。

（10）可选的多语言显示。

2. 产品配件

紫外线成像仪配件如图 5.13 所示。

3. 紫外线成像仪外观及键盘、接口说明

紫外线成像仪外观及键盘、接口说明如图 5.14 所示。

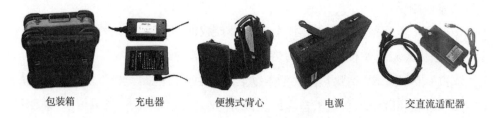

包装箱　　　充电器　　　便携式背心　　　电源　　　交直流适配器

图 5.13　紫外线成像仪配件

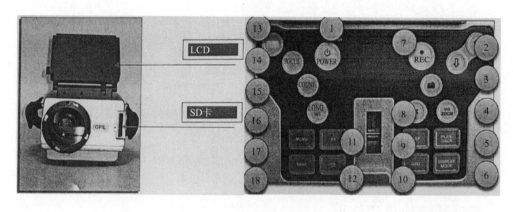

(a)

1—电源;2—向上/向下;3—录制;4—可见光变焦;5—回放;6—显示模式;

7—视频记录;8—紫外光变焦;9—曝光;10—屏幕显示;11—F1;12—F2;13—紫外光增益;

14—聚焦;15—计数;16—L1;17—菜单;18—存储

(b)

19—视频输出;20—电源;21—遥控器;22—迷你 USB;23—传声器插孔

图 5.14　紫外线成像仪外观及键盘、接口说明

4. 使用指南

(1)请勿自行打开紫外线成像仪主机机身,非授权的拆机行为将导致厂家保修的失效。

(2)为防止触电,请勿将主适配器暴露在雨中或潮湿环境中。

(3)为防止设备损坏,请勿将紫外线成像仪或配件暴露在极端温度下、超出规格说明的湿度以及振动冲击。

(4)不用时相机保持关闭状态。

(5)保持镜片清洁。相机打开时切勿取出 SD 卡,若要取出 SD 卡,请关闭相机。

(6)相机打开时,切勿取出电池。若要取出电池,必须关闭相机。

5. 装配电池

装配电池步骤如图 5.15 所示。

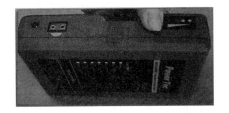 

第一步:按下测试箭头检查电池电量　　　　　第二步:将电池插入电池袋中

第三步:插入电源线(正极对正极,负极对负极),合上电池带并别在便携式背心上

图 5.15　装配电池步骤

6. 操作

(1)屏幕显示类型

暂时:指示所选模式,保持 5 s 并消失。

连续:状态显示指示,显示模式,时间和日期,计数,手动/自动聚焦,增益。

警告:指示系统错误或电池警告。

（2）电量警告

电量警告情况见表5.8。

表5.8　电量警告情况

运行范围	电压(V)	剩余工作时间	显　示
正常	12～17	3 h	LED 显示屏持续显示
低电量警告	11～11.7	15 min	屏幕显示 LOW BATTERY
关闭	10.7		屏幕显示 VERY LOW BATTERY,并持续闪烁 30 s
电源关闭			屏幕显示 TURNING OFF,信息出现 10 s 后自动关机

（3）计数模式

计数模式显示紫外光子传感器侦测到的紫外光子的数量,此模式可统计每分钟所观测到紫外光子数量。显示的数字应该受到物体距离、环境温度、湿度、气压、风、降水等因素的影响。当所有参数保持不变时,可以使用计数作为参考(如在实验室条件下)。只有当相机以常规帧速率运行时,使用计数模式。

（4）可见光拍摄变焦

此项功能用来放大可见光拍摄的图像。当侦测到电晕后,使用缩放功能来检查可疑对象,寻找物理伤害、锐边、突出的元素、污染物、跟踪标志、白色电晕残留物等。变焦时,自动处于可见模式,紫外光信号消失。

（5）录像及播放

按下 REC 键开始录像,红灯将会亮起,同时屏幕显示 REC。

录像过程中按下 REC 键就可以停止录像,屏幕上 REC 字样消失。两次录像间需等待 3 s。

运行录制的剪辑,单击 PLAYBACK 按钮,会获得两个文件夹:视频剪辑的 HVR 和静止图片。进入联套文件夹,点击 F1［♯11］键,退出点击 F2［♯12］键。视频剪辑存储在按日期和时间排序的文件夹内。

（6）拍照及图库

按下拍照键拍摄一张静止的图片。要查看捕获的静态图像,单击 PLAYBACK 按钮,将获得一个包含两个文件夹的列表:HVR 和图片。选择图片并使用 F1 键进入嵌套文件夹。使用箭头在文件夹内导航,点击 F1 键显示所需图像,向后移一步使用 F2 键。退出图库,按任意键。

（7）更改时间和日期

要实施日期和时间更改,需要重新启动相机。只要相机未重新启动,录制的媒体将被存储在原始日期的文件夹中。

7. 保养

（1）清洁镜头

①使用高级工业惰性除尘气体（如技术喷剂）来去除光学仪器上的灰尘。

②用沾有解析酒精的高级拭镜纸或 KLEENEX 超软纸巾来擦拭，并且用干燥的纸巾擦干酒精。同一张纸巾不能连续使用。

（2）装卸电池特别注意不要使电池短路。未经许可，请勿打开电池盒，只能用随机附送的充电器进行充电。拿出电池前请确保成像仪已关闭。当长时间存放电池时，确保充 50% 的电量。电池存放 4 个月后，请再充 50% 的电量。将电池存放在干燥阴凉的环境中。

8. 故障分析

故障类型及解决方法见表 5.9。

表 5.9　故障类型及解决方法

故障类型	解决方法
紫外光聚焦系统故障	致电厂家
紫外光信号丢失	致电厂家
操作按键无反应	移除电源线后重启成像仪
启动后无画面	重启
无法退出变焦模式	按两次▨按键退回正常模式
错误信息"Can not see uv in UV mode only"（适用于具有中文字体的相机）	按向上/向下箭头，然后返回到"UVonly"模式
日期和时间已更改但未实施	重启